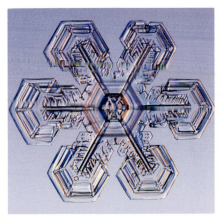

雪の結晶

小さな神秘の世界

Ken Libbrecht's
Field Guide to
SNOW
FLAKES

ケン・リブレクト [著]
Ken Libbrecht

矢野真千子 [訳]
Machiko Yano

河出書房新社

KEN LIBBRECHT'S FIELD GUIDE TO SNOWFLAKES
by Kenneth Libbrecht

Copyright © 2006 by Kenneth Libbrecht
Japanese translation rights arranged with MBI Publishing Company, LLC
through Owls Agency Inc.

矢野 真千子（やの・まちこ）
兵庫県生まれ。翻訳家。訳書に『ES細胞の最前線』『危ない食卓』『解剖医ジョン・ハンターの数奇な生涯』『感染地図』（ともに河出書房新社）、『迷惑な進化』（NHK出版）、『小さな地球の守り方』（祥伝社）、『〈できる〉子どもの育て方』（ソフトバンククリエイティブ）、『恋するアーユルヴェーダ』（春秋社）など。

雪の結晶──小さな神秘の世界

2008年11月30日　初版発行
2014年10月30日　新装版初版発行
2019年 9月20日　新装版初版印刷
2019年 9月30日　新装版初版発行

著　者　ケン・リブレクト
訳　者　矢野 真千子
装幀者　岩瀬聡
発行者　小野寺優
発行所　河出書房新社
　　　　東京都渋谷区千駄ヶ谷 2-32-2
　　　　電話 (03)3404-1201［営業］　(03)3404-8611［編集］
　　　　http://www.kawade.co.jp/
組　版　株式会社キャップス
印刷・製本　三松堂株式会社

Printed in Japan
ISBN978-4-309-25642-9

落丁・乱丁本はお取替えいたします
本書のコピー、スキャン、デジタル化等の無断複製は著作権法上での例外を除き禁じられています。本書を代行業者等の第三者に依頼してスキャンやデジタル化することは、いかなる場合も著作権法違反となります。

目 次

スノーウォッチングしよう 7

第1部　雪の結晶を科学する　9

雪はどうしてできる？　10　　ナイフエッジ　21
雪の結晶形の早見表　11　　尾根とあばら骨と額縁　24
雪の結晶の対称性　12　　はかない形　27
同じ形のものはない？　13　　雲 粒　28
面の成長　16　　雪の結晶の分類　30
樹枝の成長　18　　雪の起源　32
面と樹枝の綱引き　19

第2部　雪の結晶を研究する　33

氷の象形文字　34　　ずれた角板　82
シンプルな六角形　35　　シャンデリア風の結晶　85
星形の角板　39　　砲弾の群れ　86
扇形の角板　49　　立体放射形の結晶　87
星形の樹枝　54　　さや形　88
シダ状星形樹枝　59　　カップ形　89
中空の角柱　64　　三角形　90
針状の結晶　67　　双 晶　93
つづみ形　69　　十二枝　96
二重板　75　　不定形　99
中空の角板　77　　霜の現象　100

第3部　雪の結晶を観察する　101

拡大方法　102　　雪の結晶をどう探すか　105
撮影方法　103　　照明マジック　107

索 引　112

スノーウォッチングしよう

雪の世界(スノーワールド)へようこそ。この本は、空から舞い降りる小さな小さな氷の彫刻を、じっくりながめて楽しむためのものだ。あなたも、雪の結晶に、同一の形は二つないという話を聞いたことがあるはず。雪の日に外を歩いていて、袖(そで)についた結晶の輝きと美しさにはっとしたことも一度や二度ではないはず。でも、雪の結晶に「シダ状の星形」や「扇形」などの違いがあることは知っているだろうか？ 六本ではなく十二本の枝があるものや、対称形でないものがあることは？ 自然が作り出す造形美は、私たちがふだん思っているよりずっと奥深い。

レクリエーションとしてのスノーウォッチングは、手軽でお金がかからず、小さな子どもからお年寄りまで誰にでも楽しめる。必要なのは、安価な折りたたみ式のルーペのみ。それをジャケットのポケットにしのばせて、これは、と思える雪片を見つけたときに取り出すだけでいい。雪の形はひとつひとつ違っている。もちろん、いつでもどこでも絵になる結晶に出会えるわけではない。だからこそ、そんな結晶を見つけたときに達成感がある。

ところで、スノーウォッチングはレクリエーションとして正当に評価されていないと、私はつねづね不満に思っている。ひとつひとつ違う雪の結晶をながめていれば時間が経つのも忘れるし、ポケットからルーペを取り出すのは、スキーリフトで同乗した人に話しかけるいいきっかけにもなると思うのだが……。寒いからではない——冬の屋外の娯楽はいくらでもある。装備が大変だからでもない——先ほども述べたようにルーペだけでいい。もちろん、雪の結晶がつまらないからでもない。そしてやっと答えを見つけた。そうか、スノーウォッチャーが少ないのは、これまでスノーウォッチングのためのいいガイドブックがなかったからだ！

というわけで、この本がみなさんのスノーウォッチングのガイドになることを願っている。雪の結晶がくりひろげるミクロな世界を楽しんだら、つぎに雪の降る日が来るのがきっと待ち遠しくなる。

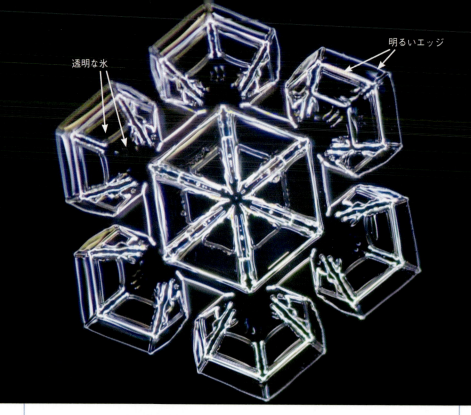

透明な氷　　　明るいエッジ

クローズアップ　　雪の色は白？　　このクローズアップのコラムでは、毎回、特徴のある雪の結晶を解説つきで紹介していく。トップバッターは、もしあなたが黒いジャケットを着ていたなら、袖についた雪はこんなふうに見えるだろう、という写真だ。あなたは雪の色は「白」だと思っているかもしれないが、実際には無色透明だ。ガラスが無色透明なように。この写真からわかるとおり、雪は透明だから背景の黒がすけて見える。

　では、白く見えているところは何かというと、それは雪の結晶のふちや角の部分、つまり「エッジ」だ。光はエッジ部で拡散する。雪が白く見えるとき、あなたはあらゆるエッジから拡散する光を見ていることになる。無色透明のガラスでも、引っかき傷が入ったり装飾用のエッチングをされたりしたところは白く見える。それと同じだ。

　この本で紹介する写真のほとんどは、結晶のうしろから色つきライトをあてて撮影したものだ。ライトがあたった結晶は入り組んだレンズのようにその光を反射する。そして雪の結晶の内部構造を浮かび上がらせる。

第1部
雪の結晶を科学する

雪はどうしてできる？

　雪とは何だろう？　どのようにしてできるのだろう？　なぜあんなに複雑な形をしているのだろう？　結晶の形にはなぜいろいろなパターンがあるのだろう？　なぜ六方の対称形になるのだろう？

　雪の理解と観察は、同時進行でおこなうもの。しくみを理解してから観察すれば、微妙な違いに気づきやすくなる。逆に、さまざまなタイプの雪を観察することで、しくみへの理解が深まる。スノーウォッチングは何も知らなくても楽しめるけれど、どのようにして雪の形が決まるのかを知っていれば、もっと楽しくなる。

　まず最初に確認しておきたいのは、雪は氷でできているということ。といっても、雨粒が凍ってできるわけではない。雪は液体である水からできるのではなく、気体である水蒸気が液体の段階を経ずに直接、固体になってできる。これを「昇華凝結」という。これから順次説明していくが、昇華凝結するときの条件がさまざまな形を作り出す。

　結晶とは、水の分子が規則正しく周期的に整列した固体のことをいう。雪の結晶がどれほど複雑な形をしていたとしても、本質的には氷の結晶であって、そこには水の分子が並んでいる。

雪の結晶（スノークリスタル）というときは、上の写真のように一個の雪の結晶をさす。雪片（スノーフレーク）というときは、一個の雪の結晶の場合も、空から降ってくるふわふわした白い雪の集合体の場合もある。

　雪の結晶に見られる六方向への対称形、平らでシャープな面、樹枝のような形状はどれも、水分子が規則的に並ぶことでできる。

　雪の結晶の形がバラエティに富んでいるのは、できかけの結晶に空気中の水分子が付着しながら「育つ」からだ。念のために言っておくが、自然は雪の結晶を、氷のかたまりから削り落としながら作っているわけではない。くっつけながら、作っている。ここからの第１部で、そのしくみを解き明かしていこう。

雪の結晶形の早見表

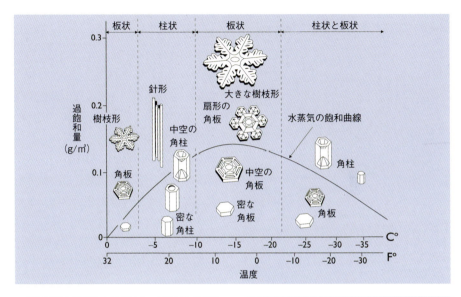

　雪の形を理解するには、湿度と温度の違いが結晶の育ち方にどう影響するかを知ることからはじめなければならない。それを簡単に図式化したのが上の早見表だ（1930年代にこの法則を発見した日本人、中谷宇吉郎にちなんで「中谷ダイヤグラム」とも呼ばれている）。

　温度が違うと結晶の形はどうなるのだろうか。薄くて平たい板のような結晶は、気温が0℃を下回った直後にできる。細長い柱や針のような結晶は、それより寒くなると出現する。写真を撮るのが楽しくなる花のような大型の結晶は−15℃前後にあらわれ、さらに寒くなると、小さな柱や板になる。湿度の違いも雪の形に影響する。湿度

上のグラフでは、空気中の余分な水蒸気を「過飽和量」と表現している。過飽和量が「0」というのは湿度100％のことで、湿度が100％以上になると余った水蒸気が雪になる。早見表の「水蒸気の飽和曲線」は、冬の厚い雪雲の中の湿りぐあいに相当する。

が高いほど複雑で変化に富んだ結晶ができ、湿度が低いとシンプルな結晶になる。

　雪の結晶がなぜこのように成長するのかは、科学の謎のひとつである。謎は謎として、スノーウォッチングで出会う雪の結晶の形やタイプを分析するのに、まずはこの雪の結晶形の早見表を頭にたたきこんでおこう。

雪の結晶の対称性

雪を見てすぐに思い浮かぶ疑問は、雪の結晶の形はなぜ異なっているのかと、なぜ六方向に均整な形になっているのかだろう。この疑問について、まず考えてみよう。

たとえば上の写真の結晶を見てみよう。とても複雑で、美しい形をしている。中心から六本の大きな枝が出て、そこから小さな枝が出ているが、どれもがほぼ同じ大きさ、同じ形をしている。結晶表面に刻まれている「模様」の形もほぼ同じだ。

前のページの結晶形の早見表をもういちど見てほしい。雪の結晶は周囲の気温と湿度に敏感に反応しながら育つ。雪の結晶の形は成長時に経験した気温と湿度によって決まる。雪は雲の中を舞いながら、刻一刻と変化する気温と湿度にさらされ、そのたびに育ち方を変える。よじれたり宙返りしたりをくり返しながら育つから、形は複雑になる。雪の結晶一個一個が成長時に異なる経験をするため、まったく同じ形はできないということになる。

しかし、一個の結晶は、どんな経路をたどろうとも結晶全体で運命をともにするため、六方向に同時に均等に育つ。

もちろん、雪の結晶の対称性をそこなうできごとが起こることもあり、そうなると分子配列に欠陥が生じる。周囲に雪の仲間が多すぎれば成長がじゃまされるし、空中で別の結晶や雲の水滴にぶつかってしまうこともある。このような経験をした結晶の形は非対称になる。

この本では美しい対称形の結晶の写真が多く出てくるが、あなたが実際に雪の日に見つけるものは、理想からはほど遠いものばかりかもしれない。私自身、きれいな対称形のものをカメラに収めるために、そうでない数千個をふるい落としている。

対称性は雪の結晶に特有な性質ではあるが、いつもかならず見られるものではない。

同じ形のものはない？

　雪の結晶に同じ形のものは二つ存在しないとよく言われるが、これは本当なのだろうか？　地球上の雪をすべて調べても、まったく同一の形は見つからないのだろうか？

　ここで、本棚に本を並べるときのことを想像してみよう。本が15冊あったとすると、左端に置く本の選択肢は15あり、左から二番目に置く本の選択肢は14、三番目は13となる。15×14×13 ……とやっていくと、たった15冊の本でも並べ方は1兆を超えることになる。では100冊なら？　並べ方の総数は全宇宙の原子の合計数より大きくなる。

　さて、雪の結晶はどうだろう。複雑な結晶であれば、ざっと100か所ほど「成長の分かれ道」がある。100×99×98 ……本の並べ方と同じ計算式を用いると、雪の結晶の形のバリエーションはとほうもなく多いことになる。つまり、同一の形の結晶を二つ見つける可能性は、基本的にゼロだということだ。

　もちろん、この理屈は模様がたくさんある複雑な結晶にあてはまることであって、単純な結晶なら「成長の分かれ道」が少ないので、形状の種類も少なくなる。いちばん単純なのは六角形の角板で、これなら大きさの違いはあ

っても形は同一に見えるだろう。

　上の二つの写真の結晶は似ているが、同一ではない。この二つは数分以内に降ってきたものなので、雪雲からほぼ同じ条件の中を旅してきたにちがいない。ぱっと見ただけでは同一に見える。でも、細部をよく見ると、違うところはたくさん見つかる。つまり、雪の結晶において「似ている」かどうかは、どれだけ詳しく比較するかにかかっている。

クローズアップ　みごとな対称形　雪の結晶はときおり、みごとに均整のとれた六方向の対称形になる。上の写真の結晶は、かなり微妙なところまで同じ形の模様が入っている。この写真はアラスカ州フェアバンクスで一月初旬に撮影したものだ。気温は－18℃。シャープで平らな面の構成になっていて、サイズは端から端まで約2mm。

　このような、小さく単純な面構成型の結晶は、大きく複雑な樹枝型の結晶よりも対称形になりやすい。育つ速度が遅いときは、小さく対称性のある結晶ができやすい。

クローズアップ　不完全な対称形　あなたのジャケットの袖に舞い降りる雪の結晶はたいてい、上の写真のような不完全な対称形をしているだろう。六本の主枝の長さは同じではないし、主枝から伸びる側枝の配置や大きさもふぞろいだ。この結晶は前ページの結晶の1.5倍のサイズがある。急速に樹枝状に育つ結晶は、なかなか対称形になりにくい。

　複雑な形状をしているが、これはあくまで一個の氷の結晶だ。主枝と側枝がすべてたがいに60°の角度に向きをそろえていることに注目してほしい。これが水の分子格子の並び方なのだ。

面の成長

雪の結晶には平らな面が多くある。鏡のような面が光を反射するので、空から降ってきたばかりの雪はキラキラと輝く。あなたの袖についた雪がキラキラして見えるのも、この平らな面のおかげだ。

面の成長は、雪の結晶の形と模様を作るのに重要なしくみだ。これは「水分子の幾何学」が「雪の結晶の幾何学」に変わる作用でもある。

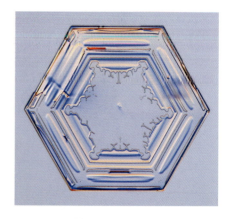

面の成長の作用はこうだ。まず、下の左の図のような当初は丸い氷の粒があったとする。雪の結晶は、空中の余分な水分子が氷の表面に「昇華凝結」して育つ。そのとき水分子は、分子配列の粗い「くぼみ」に引きつけられて結合する。一方、平らな部分はすでに分子が整列しているので、新しい分子がくっつきにくい。

つまり、結晶は分子的にでこぼこしている場所を先に埋めながら、平らな面をゆっくり嵩上げする。そのため、最初がどんな形であれ、平らな面を持つ結晶ができるのである。

結晶が面成長をするときは、周囲の水蒸気は均等に存在している。どこか一部だけが水蒸気を多くとりこむことがないため、均整のとれた形になる。

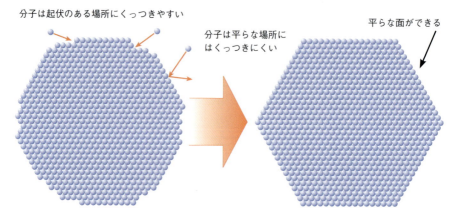

氷の結晶における分子の格子(こうし)作りは二種類の平らな面を作り出す。六つの柱面(ちゅうめん)と二つの底面(ていめん)だ。この八つの面で囲まれた形を「六方晶(ろっぽうしょう)」という。とても小さな雪の結晶はたいていこの形をしている。結晶の成長が遅いからだ。

面の成長は、完全に平らな面を作らない場合でも、雪の結晶の成長を方向づける力となる。大きな星形の結晶が薄くて平らなのは、底面がしっかり形成されたからだ。おかげで水分子は柱面にばかり結合し、底面にはほとんど結合しない。こうして、結晶のふちは

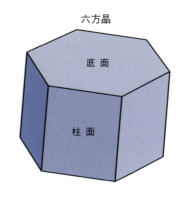

六方晶 / 底面 / 柱面

急速に成長して薄い板状の氷を作る。その後にどんな形状の装飾が加わっても、全体の形は薄く平らな板状を保つのだ。

雪の結晶の対称性は面が成長した六方(ろっぽう)構造から生まれる。六方対称の雪の結晶は、成長過程のどこかの時点でかならず面成長を経験している。雪の結晶は通常、生まれたての小さいときに六方晶となり、その面影は下の写真のように中央付近に残っていることが多い。

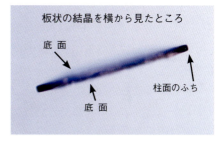

板状の結晶を横から見たところ / 底面 / 底面 / 柱面のふち

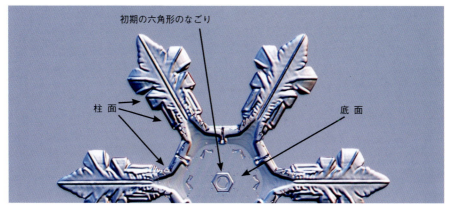

初期の六角形のなごり / 柱面 / 底面

17

樹枝の成長

雪の結晶の創造におけるもうひとつの要素が樹枝成長だ。雪の結晶に特有な、あの美しくて複雑な形は樹枝成長のおかげでできる。雪の結晶は、均質に安定的に成長すればいつまでたっても六方晶だ。精巧な造形美が自然発生するカギは、じつは水蒸気が凝結してくっついていくときの「不安定さ」にある。

当初は平らな面だったところからどのように枝が芽生えるのか、右の図で説明しよう。結晶が育つためには、水の分子が空中に漂っていて、氷の表面にくっつかなければならない。表面が平らだと、分子は結びつくのに都合のいい場所も悪い場所もないので、表面に均等にくっついてゆく。

だが、表面にわずかな突起ができると、分子は突起の先にくっつきやすい。突起部は過飽和状態の大気中に飛び出しているため、分子をいち早くつかまえる。つまり、突起部は周囲よりもわずかに速く育つ。突起部はさらに空中の分子をつかまえやすくなり、どんどん成長速度が速まるというわけだ。

このように部分的に成長が加速することを、形態の「不安定性」という。瞬間的な差が結果的に大きな差となるので、平らな面の安定した成長は止まる。わずかな突起はやがて枝になり、

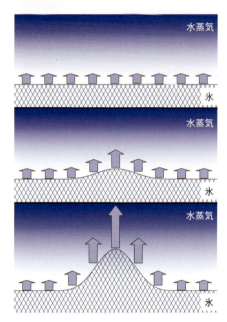

その枝からさらに別の枝が伸びる。雪の結晶が複雑な形になるのは、この不安定性のせいで、それは結晶が育っているあいだずっと続く。樹枝成長の不安定性は、雪の結晶の成長速度が空中の水分子の拡散速度に追いつかないときに生じる。かぎられた水分子をとりこむために、結晶の部位間で「競争」が起こるのだ。枝の先端はいち早く周囲の水蒸気をとりこんでぐんぐん育つが、結晶の内側ではとりこめる水蒸気が少なくなるため成長が遅くなる。水蒸気獲得競争と樹枝成長の不安定性は、雪の結晶の成長にずっとついてまわるテーマである。

面と樹枝の綱引き

　面の成長と樹枝(じゅし)の成長は、雪の結晶の成長の二大牽引力(けんいん)だが、たがいに反対方向に引っぱるものだ。面の成長はいわば安定志向で、「平らな表面」と「単純な形状」に向かう。

　一方、樹枝の成長は不安定志向で、形をどんどん複雑にする。雪の結晶はこの二つの力の相互作用によって形作られる。

　面の成長から樹枝の成長への移行を考えてみよう。結晶が小さいとき（第1段階）、水分子は周囲の空中すぐ近くに均等にあるので、ゆっくり安定的に平らな面を作ることができる。結晶はシンプルな六方晶となる。

　六方晶が周囲の水蒸気をとりこんで成長しはじめると（第2段階）、周囲の水蒸気は一時的に少なくなる。水分子の拡散状態が均等ではなくなるのだ。そうなると、平面の中央部分よりも角のほうが、わずかに水蒸気をとらえやすくなる。角が少し出っ張ると、平面の中央部に少しくぼみができる。

　もちろん、水分子は平面中央部のくぼみを埋めようとする。このくぼみを埋めようとするバランスが保たれているうちは、平らな面は均等に成長する。

　第3段階に入ると、平面はさらにいびつになる。平面の中央部を埋める速度が突起部を出っ張らせる速度についてゆけなくなり、ついにバランスが崩れる。樹枝成長の不安定性のはじまりだ。ここから、枝はどんどん外側に伸びてゆく。

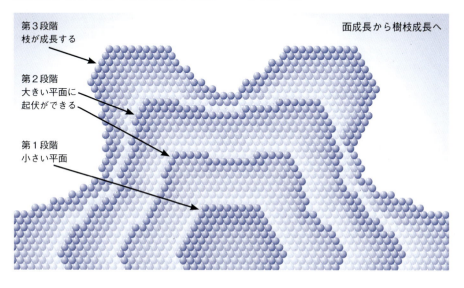

面成長から樹枝成長へ

第3段階　枝が成長する
第2段階　大きい平面に起伏ができる
第1段階　小さい平面

ところで、樹枝成長に移行したあとも面の成長は続き、雪の結晶の成長に影響する。条件がそろっていれば、面の成長が新たな樹枝成長をうながすこともある。この作用でできた枝を「側枝」と呼ぶ。

下の図は、成長中の雪の結晶に側枝が生じるようすを示している。いちばん左は星形の結晶にある主枝の一本の先端だ。この段階で周囲の湿度がたまたま高いと、成長速度は速くなり、先端は丸くなる。周囲に豊富にある水分子が平らな面にも起伏のある面にも結合するので、平面の形状を打ち消すのだ。こうして先端は急速に成長し、枝は長く伸びる。

つぎに、結晶はたまたま湿度の低いところに入り、そこで成長速度を落とす。成長速度が遅いと面の成長が優勢になり、先端は角ばってくる。湿度の低さがしばらく続くと、結晶面にはシャープな角ができる。

ここから結晶がたまたま湿度の高いところに入り込むと、ふたたび成長速度が上がる。結晶面の角は突き出ているので、そこに樹枝成長の不安定性が生まれ、新しい枝（側枝）を芽生えさせる。

下の図では一本の主枝の先端しか示していないが、他の主枝も同じ湿度変化を経験するため、六本の主枝には対称的な側枝がセットになって生じるのである。

面の成長と樹枝成長がくり返される背景には、結晶周囲の湿度がたえず変化しているという事実がある。側枝がうながされるように途中から芽を出すのは実際によくある現象で、面成長と樹枝成長という二要素の綱引きが頻繁に起こっている証拠となる。

途中から芽生える側枝

速い成長は先端を丸くする　　遅い成長は平らな面を作る　　　速い成長は枝を作る

ナイフエッジ

雪の結晶の写真を見たとき、それがどれほど薄いかに気づく人はほとんどいない。だが、典型的な星形の結晶で、厚さは直径の1/100しかない。右の写真のように結晶の枝を柱面の側から見ると、ふち（エッジ）はまるでナイフの刃だ。

また、板状の結晶では直径がどれだけ大きくなっても、厚さはおよそ0.01mmと変わらない。これは紙一枚の1/10に相当する。雪の結晶はどうしてこんなに薄い形を保ったまま育つのだろうか。

ここにはまた別の成長のしくみがはたらいている。私はこれを、ナイフエッジの不安定性と呼んでいる。理由はまだよくわかっていないのだが、結晶が成長するときの分子力学は、エッジが鋭いところほど、エッジをさらに成長させる。ここでも樹枝成長の不安定性と同じ部分的な加速作用がはたらいていて、鋭いエッジが成長をうながし、成長の速さがさらに鋭いエッジを作る。このように、加速度的に何らかの作用が進むことを、正のフィードバックという。

湿度が低いときは、ナイフエッジの不安定性がはたらかないので結晶は厚くなる（結晶形の早見表をもういちど確認してみてほしい）。実験室で結晶

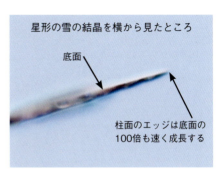

星形の雪の結晶を横から見たところ
底面
柱面のエッジは底面の100倍も速く成長する

の成長中に湿度を上げていくと、しばらくは何も起こらない。だが、ある時点を過ぎるととたんにバランスが崩れて、ナイフエッジの不安定性がはじまる。そこから先は、結晶は厚くなる方向には行かず、柱面方向、つまり外側にエッジをどんどん伸ばす。

ナイフエッジの不安定性はいまだに結晶物理学の謎のひとつだが、これがないと、雪の結晶は小さく厚いかたまりになるだけで、花のような美しい形にはならない。

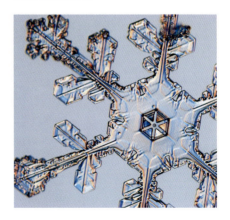

途中から芽生えた側枝

六方晶のなごり

クローズアップ　主枝と側枝　この雪の結晶は当初は小さな六方晶(ろっぽうしょう)で、そのなごりが中央部に輪郭(りんかく)として残っているのが見える。この小さな六方晶から六本の主枝(しゅし)が生じた。主枝は最初のうちはまっすぐ伸びたが、全体の1/3の長さに達したころ、側枝(そくし)を芽生えさせるきっかけが起きた。よく見ると、側枝の分岐部(ぶんき)に側枝の芽生えをうながした面の成長のなごりがある。その後、主枝が2/3の長さになったあたりで、ふたたび側枝を生じさせるきっかけが起きたが、その作用は弱かったようで、そのときできた側枝は部分的にしか対称形になっていない。

　結晶の形から、この雪がどう成長してきたかが想像できる。まず、シンプルな六方晶ができた。つぎにまっすぐな主枝が伸び、さらに対称形の側枝が伸びた。別の側枝も不完全だが伸びて、最後にこの形になったのだ。成長のどの段階でも、その時々の周囲の大気の状態で形が決まっていったのがわかるだろう。

途中から芽生えた側枝

クローズアップ　側枝の多い結晶　この雪の結晶は前のページのものと似ている。どちらも薄い星形の結晶で、側枝が芽生えるきっかけが何度も起きた。どちらも-15℃付近で育った結晶だ。

　このページの結晶には最初の六方晶のなごりは見えないが、六本の主枝を芽生えさせた六方晶は確実に存在した。主枝は最初はまっすぐに伸びたが、すぐに湿度が変動しはじめた。おそらくこの結晶は異なる雪雲の層をとおって落ちてきたのだろう。周囲の条件が変わるたびに側枝の形成がうながされ、その大半は六本の主枝をはさんで対称形になった。

　私はこの二つの結晶をカナダのオンタリオ州の町コクラン近郊で見つけた。ここは雪の結晶写真を撮るのに気に入っている場所のひとつだ。このあたりは雪の季節が長く、それでいて風が強くない。スノーモービル愛好家に人気の場所でもある。気温の変動が激しい場所なので、できる雪の形のバリエーションが楽しめるのだ。

尾根とあばら骨と額縁

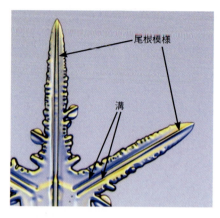

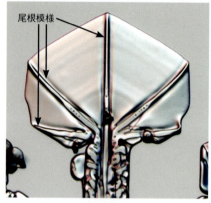

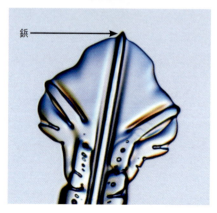

雪の結晶の底面にはたいてい何かしらの模様や装飾がついている。そのデザインをおおまかに分類すると、尾根模様とあばら骨模様と額縁になる。

「尾根模様」は「リッジ」とも呼ばれ、雪の結晶の枝によくあらわれる背骨のような線形模様だ。いちばん上の写真では、主枝のまん中を尾根模様が走っている。枝の先のほうでは単純な直線の隆起だが、中心付近では二本の溝にわきをえぐられている。こうした「二重の溝模様」は、雪の結晶によく見られる。

尾根模様は二つの柱面が出会う角から発生する。中央の写真は枝の先についた角板だが、そこにはそれぞれの角を基点に伸びる五本の線形模様が入っている。尾根模様は面の成長で育つ角板の中で、面と面のぶつかる角がどこにあったのかを記録に残しているのだ。もしその角が何らかの理由でまっすぐに伸びなければ、尾根模様はカーブする。

いちばん下の写真の結晶は、中央の写真の結晶と基本的に同じ成長過程をたどった。しかし最終段階で、薄いエッジが厚い尾根模様より先に昇華蒸発してしまった。その結果、角板から「鋲」が突き出している。

「あばら骨模様」は「リブ」とも呼ばれ、雪の結晶では六角形の年輪のように見える線形模様をさす。いちばん上の写真では、結晶の表面に何重もの同心六角形のあばら骨模様がくっきりと見える。中央の写真のあばら骨模様はぼやけている。

あばら骨模様はまさに木の年輪のごとく、結晶の生涯に起こった成長の変化を記録している。たとえば、周囲の湿度が変化すると、ナイフエッジの不安定性がはたらいて角板のエッジの厚さが変わる。エッジが厚くなったり薄くなったりしながら外側に成長すると、その差があばら骨模様となって刻まれる。

一方、「額縁」は「リム」とも呼ばれ、中央の写真の結晶にあるような、角板の外側にできる「枠」だ。額縁を持つ結晶は多い。結晶は成長の最終段階、つまり雪雲から出た瞬間に、周囲の湿度低下にさらされる。湿度が低いとエッジが厚くなることはナイフエッジのところで述べた。エッジが厚くなると、それが額縁になる。

あばら骨模様と額縁は結晶の枝の部分にもよく見つかる。いちばん下の写真にあるように、荘厳な「枠」を作り出している。

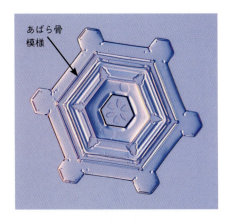

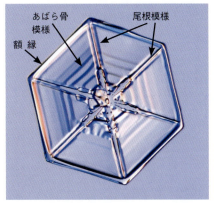

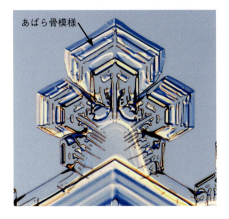

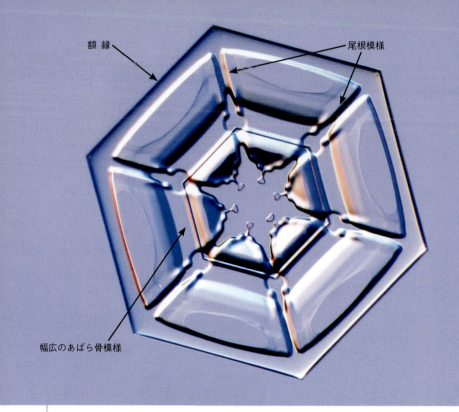

額縁

尾根模様

幅広のあばら骨模様

クローズアップ　尾根、あばら骨、額縁　この小さな六角板の結晶には尾根模様、あばら骨模様、額縁の三要素がすべて含まれている。結晶はまず平らな面を持つ六方晶からスタートした。まだ小さいときに六つの平面の角から尾根模様が芽を出した。結晶が雪雲の中を舞うにつれて尾根模様の伸び方が変化し、その結果、中心部に花のような模様が出現した。

　結晶が最終的な形の半分ほどの大きさになったとき、湿度が下がり、角板のエッジが厚くなった。その後また湿度が上がったためエッジは薄くなり、幅広のあばら骨模様を残した。結晶は最終段階で湿度の低い場所を通過し、外周に厚い額縁を作った。

　この結晶は直径がたった1mmで、肉眼で見えるか見えないかの小さなものだ。ルーペだとこまかい部分が見えないので、顕微鏡を使うことになった。おかげですばらしい写真を撮ることができた。雪の結晶の写真撮影が楽しいのは、ぱっと見はさえない結晶に、精巧な模様がついているのを発見したときだ。

はかない形

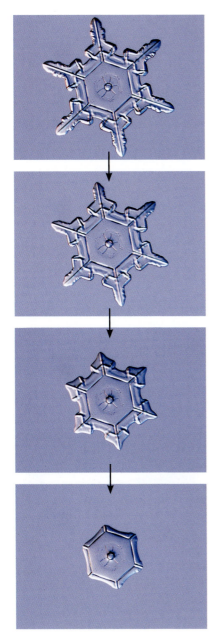

　雪の結晶は雪雲という育ちの場から巣立つやいなや、成長を止めて蒸発をはじめる。雪の氷は溶けて液体になるのではなく、直接気体になる。これを「昇華蒸発」という。水蒸気がいきなり氷になる昇華凝結の逆の作用だ。周囲の気温と湿度によって蒸発の速度は変わる。昇華蒸発は数分のあいだに雪の結晶の形をがらりと変えてしまう。

　左の写真は、私の顕微鏡の強い光のせいで雪の結晶が徐々に蒸発していくようすをとらえている。時間にしておよそ五分。蒸発はいちばんデリケートな外側の構造――とくに突き出している部分――からはじまる。枝が短くなり、シャープさがなくなり、こまかい形状が消える。

　空中を舞い降りるうちにかなりの部分が蒸発してから地表に届く結晶もある。こうした「旅疲れ」した雪は、雪雲の中にいたときとまったく違う形になっている。

　地上に降りてきてしばらくたった雪片にも同じことが言える。雪だまりにある結晶には、降ってきたばかりの雪に見られるシャープな結晶面や複雑な模様が見られない。せっかく成長過程で美しく花開いた雪の結晶を没個性的なものにしてしまう昇華蒸発は、私たちスノーウォッチャーの大敵だ。

雲粒

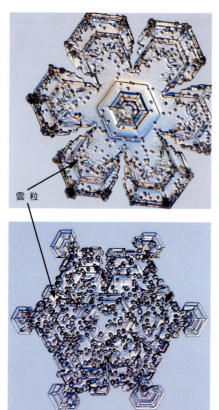

雲粒

雲粒つき
額縁

雪あられ

　雪の結晶には、雲粒(うんりゅう)と呼ばれる小さな氷の粒の飾りがついているものがある。雲粒とは、雲を構成している細かい水滴で、それが空中を舞っている雪の結晶にぶつかって、そのまま結晶表面で凍ると雲粒つきの結晶となる。雲粒の大きさはほぼ一定で、直径およそ0.03mm である。

　定期的にスノーウォッチングに出かければ、雲粒つきの結晶にはすぐに出会える。雪の結晶は雲粒を拾いながら降ってくることが多いからだ。雲粒は通常、結晶の表面に不規則に付着するが、何らかの作用が加わると、ぶ厚い雲粒にふちどられた額縁(がくぶち)が出現する。

　下の写真のように、あまりにぶ厚いコーティングで固められてしまって、もとの形がわからない雪の結晶もある。この状態がさらに進むと、雪ではなく雪あられと呼ばれるようになる。

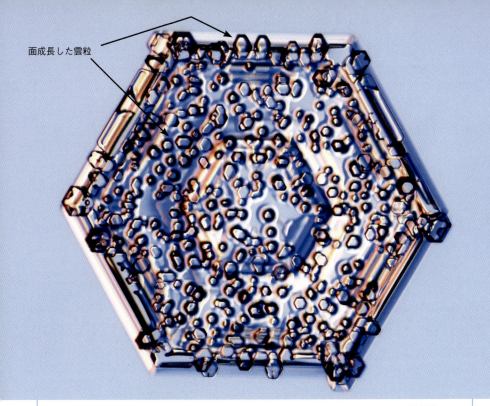

面成長した雲粒

クローズアップ　面の整列　この小さな雪の結晶をよく見ると、雲粒がわずかに面成長しているのがわかる。これらの雲粒は、雲の中では細かい水滴で、雪の結晶に最初にくっついて凍ったときには丸い形の氷だった。だがその後、雪の結晶が成長するにともなって、氷の粒にも面成長の作用がはたらいた。この写真をさらによく見ると、小さな雲粒の面の多くが結晶本体の面と方向をそろえているのがわかる。

　この写真の雪の結晶は、分子が整列して凍結するという現象の好例だ。液体である水滴は雪の固体表面に着地するとき、下地になっている既存の分子格子に重なるように自分の分子格子を合わせて着地する。そのため、結晶本体の水分子と凍った水滴の水分子はすべて方向がそろうのである。

　この現象は、奇妙な形をした非対称の雪の結晶が存在する理由にもなる。雲粒が数個、雪の結晶にぶつかると、それが核となって想定外の枝を生じさせる場合があるのだ。それがそのまま大きく成長すれば、ゆがんだ形が出現することになる。

雪の結晶の分類

　雪の結晶をタイプ分けして名称をつけるというのは、それ自体に矛盾がある。まず、種類があまりに多すぎる。しかし種類が多いからこそ、それをどう呼ぶかという共通の認識が必要になる。そうでなければ、語り合うことも記録することもできない。
　一方、雪の結晶の分類をしようとすると、タイプごとに明確な境界線がないために、どうしてもあいまいになる。また、どれほど明確にタイプ分けしたとしても、どれにもあてはまらない新しい結晶がかならず出てくる。
　たとえば犬にも、ブルドッグやチワワなどさまざまな種類がいるが、すべての犬を明確に分類できるわけではない。雪と犬をいっしょにするのは飛躍しすぎかもしれないが、雪の結晶をタイプ分けして名前をつけるというのは似たような難しさがあるということだ。
　この本では、結晶の育ち方をベースに、私がふだん用いている選択基準を重ね合わせて分類してみた。これまでに説明したように、周囲の条件に応じて、できる結晶の形は違ってくるからだ。第2部では、つぎのページの分類表を基本にして、それぞれの結晶の形がどうしてできたのかを解説しよう。
　スノーウォッチングするときは、「この雪の種類はどれだろう？」とい

う疑問で臨むとがっかりするかもしれない。あなたが見つける雪の多くはどのタイプにもあてはまらないからだ。ぜひ、「この雪はどうしてこんな形になったのだろう？」という疑問で臨んでほしい。二番目の疑問の持ち方なら、答えはかならず得られるはずだ。

雪の結晶の種類

シンプルな六角柱	密な角柱	さや形	波形つきの角板	三角形
シンプルな六角板	中空の角柱	カップ形	柱つきの角板	十二枝
星形の角板	砲弾の群れ	つづみ形	ずれた角板	立体放射形の角板
扇形の角板	孤立した砲弾	つづみ形の段重ね	骸晶形	立体放射形の樹枝
シンプルな星形	シンプルな針	つづみ形砲弾の群れ	双晶の角柱	不定形
星形の樹枝	針の束	二重板	矢じり形	雲粒つき
シダ状星形樹枝	交差した針	中空の角板	交差した角板	雪あられ

31

雪の起源

　さて、第2部の「雪の結晶を研究する」に入る前に、雪を作る「雲」についての話をしておこう。雲は通常、暖かく湿った大気のかたまりが別の大気のかたまりの中に送り込まれる場所で発生する。気象予報士が言うところの「前線」、二つの気団がぶつかる境界面だ。

　二つの気団が衝突すると、暖気団は押し上げられて上空で冷やされる。十分に冷えると、水蒸気の一部が凝結して細かい水滴になる。水滴になるには凝結するための「核」が必要だが、空気中の微粒子が核になってくれる。こうした水滴が集まったものを、私たちは雲として認識する。

　その雲がそのまま冷やされ続けると、空中の微粒子は雪の核を作る役割も果たすようになる。水滴は気温が0℃を下回ってすぐに凍るわけではない。かなり冷えるまで液体のままで、純粋な水滴は－40℃くらいにならないと凍らない。しかし、空中の微粒子が凍結作用をスタートさせる最初の核となるので、微粒子を含む水滴なら－6℃あたりから凍りはじめる。

　水滴が凍って雪の原型ができると、周囲の水蒸気を昇華凝結させながら成長する。雲の中で凍らなかった水滴はゆっくり蒸発し、空気中の水蒸気となり、育ちつつある雪に結合する。なお、物質としては同一の水が、水滴（液体）、水蒸気（気体）、雪（固体）へと状態（相）を変えることを、専門用語で「相転移」という。

　降雪の度合いにもよるが、凍った水滴は数分のうちに私たちが目にする雪の結晶に育ち、雲から落下する。なお、雪の結晶のまん中には、結晶の出発点となった顕微鏡でも見えないほどの小さな微粒子がある。

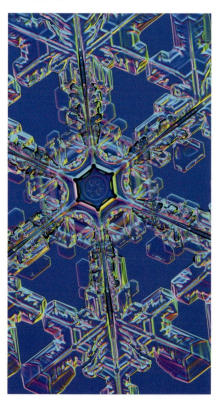

第 2 部

雪の結晶を研究する

氷の象形文字

　雪は空からのメッセージを伝える象形文字のようなものだ。雲をスタート地点にどのような旅をしてきたのかを、結晶の形と装飾で語るのだから。雪の結晶をながめると、その結晶が成長するまでに経験した状況を知ることができる。スノーウォッチングの楽しみのひとつは、さまざまな雪の結晶の履歴を想像するところにある。

　スノーウォッチングは、アウトドアで自然を満喫しながらおこなう地味な宝探しという点で、バードウォッチングに似ている。ただし、バードウォッチングは観察対象が鳥という生き物だ。鳥にかぎらず、植物でも動物でも、生き物の成長のしくみは複雑すぎて、私たちの理解力では歯がたたない。でも、単純な幾何学でできている雪の結晶なら、想像可能な範囲にある。

　ここからは雪の結晶の種類ごとに、その形がどうやって作られたのかを考えてみよう。第1部で説明した基礎知識と基本ルールをもとに、象形文字を解読してみよう。

　実際のスノーウォッチングも、象形文字の解読に挑む気持ちを持っているほど楽しくなる。結晶の成長過程を知れば知るほど、構造の複雑さと美しさに魅せられるようになる。

シンプルな六角形

まず最初に紹介するのは、小さいシンプルな結晶で、角板状のものと角柱状のものがある。形は単純で枝はなく、模様もごくわずかだ。装飾が最小限のこの形状はもっともありふれていて、雪が降っているときなら気温にかかわらず簡単に見つかる。とはいえ、あまりに小さいため、見つけるには顕

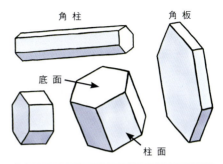

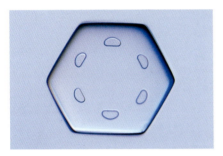

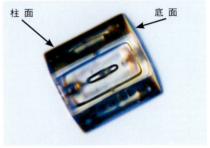

微鏡が必要になるが。

　どんな雪の結晶にも、生まれてからの履歴がある。シンプルで小さな結晶は、基本的に「若い」雪、大きく複雑に育つ前の段階の雪である。このページで紹介しているものはどれも0.3mm程度の大きさだ。シンプルな六角柱は「ダイヤモンドダスト」とも呼ばれている。結晶面がシャープなカット面を作り出していて、まるで氷で作った宝石のミニチュアのようだからだ。なお、宝石のカット面は砥石で人工的に加工されたものだが、雪の結晶面は自然界の分子結合が作り出したものだ。

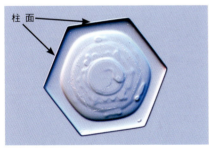

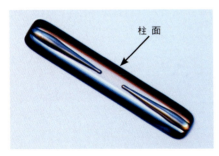

シンプルな角板や角柱を作っているのは、面成長の力だ。このあと樹枝成長に移行するかどうかは未定だ。樹枝成長は結晶が0.5mm以上の大きさにならないとはじまらないのがふつうだが、それはあくまで概算でしかない。もし湿度がとても高ければ、樹枝成長はすぐにもはじまるだろうし、湿度が低ければ、結晶は面成長を保つ。

昇華蒸発により、エッジが丸くなっている

面成長した結晶は、角がシャープになるはずだが、写真ではなかなかお見せすることができない。昇華蒸発によってどうしても角が丸くなってしまうからだ。結晶が小さく気温が高いときは、とりわけ早くシャープさがなくなる。

なお、昇華蒸発はスノーウォッチングの「未知の要素」だ。結晶が完成したあと、どれだけ蒸発したかについては、私たちは知ることができない。ひょっとすると私たちが地表付近で見る雪の結晶は、雪雲の中にいたときの姿とはかなり違ったものになっているかもしれない。

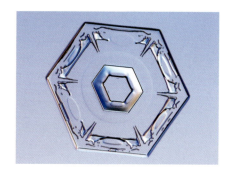

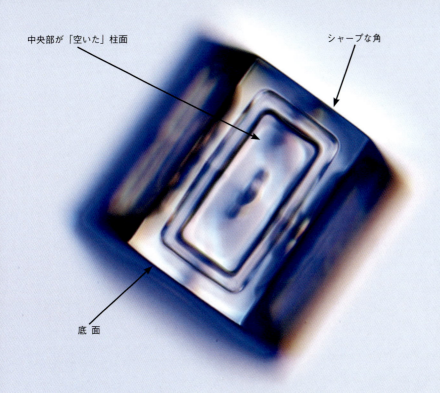

中央部が「空いた」柱面

シャープな角

底面

クローズアップ　中空構造　この写真は、0.3mmほどの大きさのダイヤモンドダストの、一柱面に焦点を合わせて撮影したものだ。撮影した日はとりわけ寒かったため、昇華蒸発の影響を最小限に抑えられた。おかげでシャープな角がまだ残っている。

　この写真は、角柱状の結晶によく見られる中空構造をあらわす好例で、私のお気に入りの一枚だ。結晶が成長しているときは、角の部分ほど周囲に水蒸気がたくさんあった。それに対して柱面の中央部は水蒸気の供給が少なく、成長速度は鈍かった。こうして、右のイラストのように、中央部が空いたまま角の部分だけで支えるような格好の結晶が出現する。これは面成長から樹枝成長への移行の第一段階だ（19ページ参照）。この結晶はこのままいけば、シンプルな六角柱のまま大きくなるのをやめて、より複雑な構造になっていく。

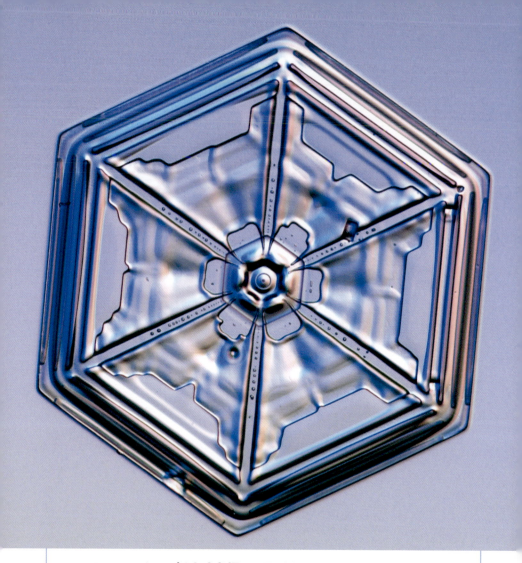

クローズアップ　シンプルな六角板　雪が降ったとき、このような結晶は、顕微鏡のスライドガラスに雪片をのせてのぞきこむだけで簡単に見つかる。私が撮影した写真の多くは、単純にスライドガラスで雪を受け止めたものだ。

　上の写真の結晶にある模様は、結晶が成長期に体験した気温と湿度の変化が作り出したものだ。周囲の状況が変わるたびに、結晶の育ち方は変わる。表面の模様は、育ち方の変化の記録だ。雪の結晶が完全に一定の状況下で育ったなら、何の模様もないのっぺりした六角形の氷にしかならない。

星形の角板

星形の角板は、サイズが中くらいの薄くて平らな結晶だ。全体としては対称の六角形で、幅広の枝と、小さな側枝やたくさんの複雑な表面模様がついている。星形の角板は、比較的低温で降雪量が少ないなど条件が整っているときには豊富に出会える。

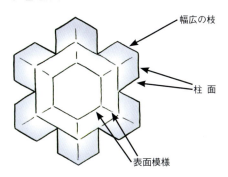

舞い落ちる雪がキラキラと輝いて見えるとき、そのキラキラのもとはたいていの場合、星形角板の平らな底面が反射する光だ。星形の角板はサイズが直径2mmになるものがあるので、ふつうのルーペでも十分に全体構造をながめることができる。もちろん顕微鏡を使えば複雑で繊細な形と模様をもっとよく観察することができる。

39

星形の角板ができるかできないかは気温に左右される。結晶形の早見表からわかるように、大きな板状の結晶は雪雲が−15℃付近か−2℃付近のときに育つ。気温が高いと昇華蒸発が起きやすいので、形のきれいな結晶を探すのはむずかしくなる。華やかで見栄えのする結晶は、−15℃前後であらわれる。美しい星形の角板を見つけるには、このような条件がそろわなくてはならない。

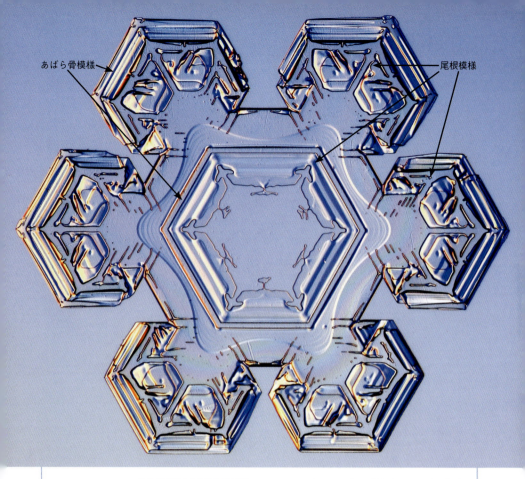

クローズアップ　星形角板の表面模様　スノーウォッチングをしてみればすぐにわかることだが、「平凡な」星形の角板というようなものは存在しない。上の写真の結晶のように、輪郭の形はシンプルであっても、表面には豊かで複雑な模様が刻まれている。これが、雪の結晶に同一の形は二つないと言われるゆえんである。

　星形の角板は育つときに湿度と温度の影響を強く受けるため、精緻な模様ができやすい。樹枝成長の不安定性とナイフエッジの不安定性が起きやすい環境で育つので、その場その場のわずかな条件の違いが育ち方の違いとなり、尾根模様やあばら骨模様の起伏を残す（24ページ参照）。上の写真で見られる表面模様の大半は、温度と湿度の変動がくり返し複雑に起こった結果、生まれたものだ。

クローズアップ　王者のような雪の結晶　この威風堂々とした星形の結晶は、ヴァーモント州バーリントンにあるホテルの立体駐車場の屋上で、深夜、雪の写真撮影中に見つけた。駐車用ビルの屋上とは、あまりロマンティックではない場所だが、雪は舞い降りる場所には無関心らしい。静かで落ち着いた草地であれ街なかの屋根の上であれ、雪は降ってくる。私は立体駐車場の屋上で夜に撮影することが多い。車で出かけるのに便利だし、周囲に適度な明かりがあるからだ。

　この結晶は端から端まで3mm強と比較的大きな部類で、均整のとれた贅沢な装飾がほどこされている。

クローズアップ　　雲粒つきの王者　　この雪の結晶もヴァーモント州で、前のページの結晶と同じときに見つけた。二つとも大きさが同じで、幅広の板状の枝を持っている。それでも成長時にわずかに違う条件にさらされたらしく、細かいところが違っている。こちらは旅の最終段階で細かい水滴に出会ったようだ。結晶の外側にくっついた雲粒(うんりゅう)は、そこから勝手な方向に小さな角(かく)板(ばん)を生じさせた。雲粒つきの結晶は、大型の結晶といっしょに降ってくることが多い。大きな結晶に育つには湿度が高くなければならず、湿度が高いということは周囲に雲粒が多いということだからだ。

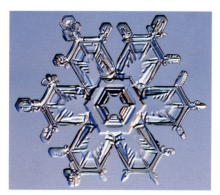

星形の結晶はバリエーションが豊富で、いつまでながめていても飽きない。同じ形のものが二つないどころか、似ているものを探すのさえむずかしい。

上に並べた結晶はすべて、ミシガン州のアッパー半島で同じ降雪時に見つけたものである。この日のスノーウォッチングは大収穫だった。

クローズアップ　あとから育ったミニ角板　雪の結晶は、周囲に水蒸気がたくさんある外側のエッジで成長するものだが、たまに内側でもあとから育った結晶が隙間(すきま)を埋めていくことがある。こうした二次発生の角板(かくばん)はもとの結晶がかなり大きくなってから育ちはじめ、のっぺりしていて薄く、非対称であることが多い。あとから育つミニ角板は湿度が低くなってからできるため、空間を埋めるようにゆっくり育つ。

クローズアップ　魅惑的な色合い　雪の結晶は氷でできているため、もともと透明で無色だ（8ページ参照）。でも、私はたまに芸術家気分になると、色つきの照明をあててカラフルな写真を撮ることを楽しんでいる。上の写真では、濃い青色を背景にして、さまざまな色つき照明を横からあてた。中央部や主枝（しゅし）など結晶が薄く平らなところでは背景の青が透（す）けて見えるが、複雑な起伏があるところでは色光が屈折（くっせつ）して、あでやかなハイライトを浮かび上がらせる。

クローズアップ　雲粒でおおわれた星形の角板　もともと見栄えのする結晶だったかもしれないのに、雲粒の厚いコーティングですっかりおおわれてしまったという例は少なくない。この雪の結晶は最初、幅広の枝を持った星形の角板として育った。おそらく表面にはさまざまな模様が入っていただろう。結晶全体の輪郭が面状になっていることから、星形の角板になるまでは雲粒にじゃまされることなく育ったようだ。その後、濃い霧の中に入って雲粒のシャワーを浴びた。

　雲粒で厚くおおわれた結晶は、比較的暖かく湿った雪のときによく見られる。私はこの写真をカリフォルニア州シエラネヴァダ山脈で撮影した。地表の気温はちょうど０℃を下回ったところで、その日採集した雪の結晶はほとんどが雲粒に厚くおおわれていた。

　意外に思うかもしれないが、カリフォルニアの山岳部には降雪量の多い地域が一部にある。北米の降雪量ナンバーワンを記録したことも二、三度あるが、残念ながらここの雪質はスノーウォッチャー向きではない。スノーウォッチングには、軽い雪が頻繁に降る寒冷地のほうが適している。

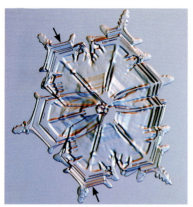

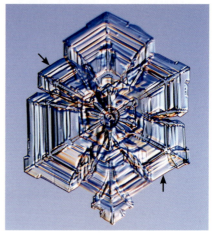

　雪の結晶はどんなものでも美しく、対称形だと思い込んでいる人は多い。その思い込みが間違いであることを知るには、雪が降った日にちょっとルーペで観察してみるだけでいい。典型的な六方(ろっぽう)対称の雪の結晶は、めったにないものだとわかるだろう。ほとんどの雪は不完全な対称形か、対称形からほど遠い形をしている。

　上に並べた写真はそんな星形角板(ほしがたかくばん)の例だ。これらもどれも単一の結晶で、複数の結晶が重なっているわけではない。その証拠は対(つい)になっている面の方向だ。写真の中の矢印で示した二つの面は、結晶の反対側にあっても完全に平行になっている。結晶面は水の分子配列に忠実にできるので、単一の結晶内ではかならず整列するのだ。

　では、なぜこんな変てこな形になったのだろう。それは、成長途中でじゃまが入ったからだ。分子配列のバランスが崩れたか、雲粒や別の結晶にぶつかったかして、ある時点から均等に成長できなくなったのだ。対称形に育つのを妨げる要素はありとあらゆるところで待ち受けている。

扇形の角板

　扇形の角板は薄く平たい結晶で、尾根模様がくっきりと立った幅広の枝がついているのが特徴だ。尾根模様が扇の骨に見えるところから、この名前がついた。このタイプの結晶の表面模様は葉脈のようで、何やら植物のような形態を思わせる。

　扇形角板は星形角板の下位分類に属する。気温のゴールデンゾーン、−15℃前後の雪雲で大きく育つが、−2℃付近でもそこそこのものができる。

　表面模様がわりあいシンプルなのは、気温や湿度の変動がそれほどない安定した環境で育つからだ。板状の枝は通常、尾根模様のところをのぞいて平らでなめらかで、柱面のエッジはしっかり形成されていることが多い。

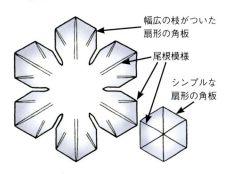

幅広の枝がついた扇形の角板
尾根模様
シンプルな扇形の角板

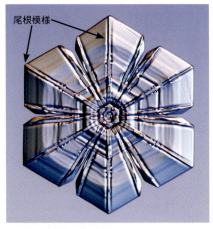

尾根模様

尾根模様

シンプルな扇形の角板

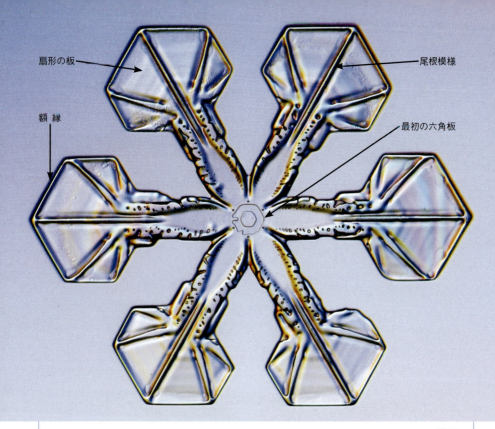

クローズアップ　扇形の板が枝の先についた結晶　上の写真のように、星形角板の枝先に尾根模様が立った扇形の角板が育つことがある。このような結晶は「扇形の板つき星形角板」とでも呼ぶべきだろう。

　この結晶の特徴を観察しながら、どのように育ったのかを想像してみよう。まず最初に、小さな六角板ができた。その痕跡が中央に残っている。成長過程で樹枝成長の不安定性がはたらいて六方対称の主枝ができ、それは側枝を作ることなくまっすぐ伸びた。

　枝がかなり伸びてきたころ、板状の結晶ができやすい気温と湿度に変わり、枝の先端に大きく平らな板ができた。板が育つ際に、尾根模様が立って板に「扇の骨」模様をつけた。最終段階に近づくころ、エッジが厚くなり額縁があらわれた。最後にこの結晶はたまたま私の採取板に舞い降りてきて、そこですかさずカメラに収められたというわけだ。結晶誕生から写真撮影まで、かかった時間はおよそ15分である。

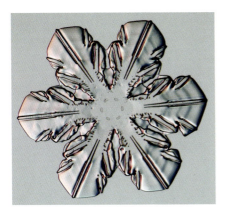

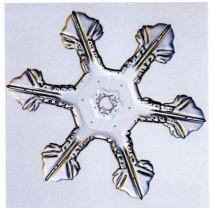

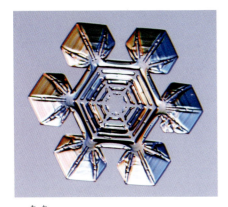

尾根模様はさまざまなタイプの雪の結晶で見つかるが、幅広の枝を持つ星形の角板によくあらわれる。上の六枚の写真は、まるで扇の競演だ。

51

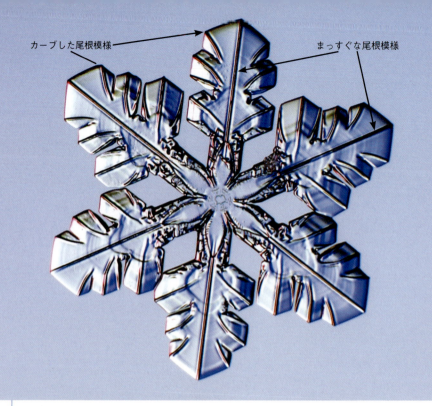

クローズアップ　カーブした尾根模様

上の写真の結晶には、二つの柱面(ちゅうめん)がぶつかる角(かど)からたくさんの尾根(おね)模様が発生している。尾根模様をはさんで両側の柱面が同じ速度で育ったなら、尾根模様はまっすぐに伸びる。成長速度がその時々で変わると、尾根模様はカーブする。

右に示したイラストは、成長過程で尾根模様がカーブするようすを図式化したものだ。最初、柱面はゆっくり成長したが、その後どんどんスピードアップした。柱面の成長度に差が出たために、尾根模様が湾曲した。

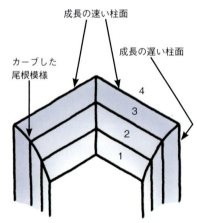

扇形の枝の育ち方　上のイラスト中の数字は枝が育った順で、尾根模様は結晶成長時に柱面の角がどこにあったのかを記録している。

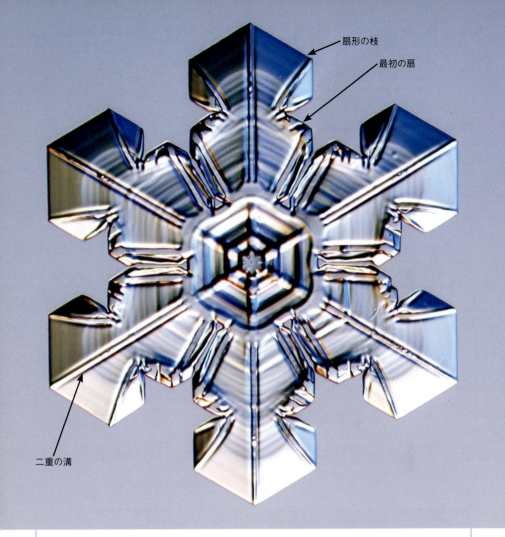

扇形の枝
最初の扇
二重の溝

クローズアップ　扇形の枝　上の写真のくっきりとした結晶は、扇形(おうぎがた)の枝形成を二度経験している。最終的な形の半分ほどの大きさになるまでは、右の写真のような由緒(ゆいしょ)正しい扇形結晶だった。ところがその後、どうやら湿度の一時的な上昇に遭(あ)ったようで、新しく扇形の枝が六対(つい)、加わった。

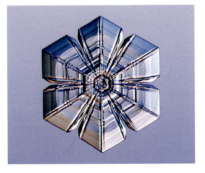

星形の樹枝

星形の樹枝は、多数の側枝で飾られた細い主枝を持つ板状の結晶だ。シンプルな星形の角板よりもサイズが大きく、形状が複雑になっている。星形樹枝の結晶は肉眼でも見つけやすく、ルーペで十分、細部まで観察できる。雪の降り方にかかわらずよく見つかるタイプで、また、見つかるときにはどっさり見つかる。

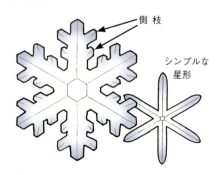

樹枝とは読んで字のごとく、いくつも枝分かれした形態をいう。大型の星形樹枝結晶は、湿度が高く、気温が－15℃前後のときにあらわれる。余分な水蒸気が豊富な環境で樹枝成長の不安定性が発生すると、側枝がどんどん芽生えてどんどん育つ。

このタイプの結晶は端から端まで3mmと大きいので、目につきやすく見つけやすい。薄く、レースのように繊細である。

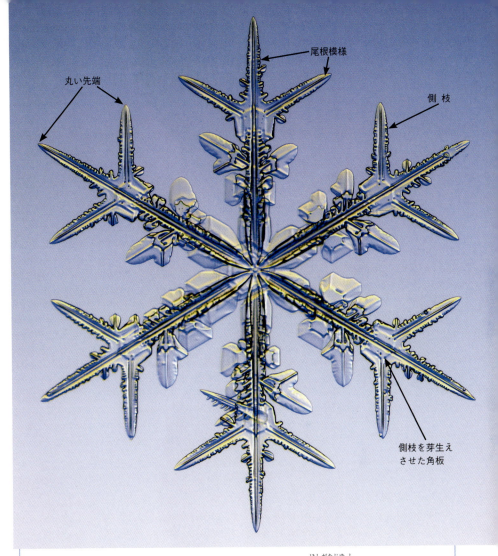

クローズアップ　典型的な星形の樹枝　この結晶は星形樹枝結晶(ほしがたじゅし)の典型的な特徴をたくさん持っている。まず、枝の先端が丸くなっているのに注目してほしい。これは成長速度が速すぎて、面を形成する余裕がなかったことを示している。それぞれの枝のまん中には、尾根模様(おね)が背骨のようにくっきりと立っている。どちらも薄い樹枝状の結晶に共通する特徴だ。さらにこの結晶には、側枝(そくし)の芽生えをうながしたベースも見てとれる。側枝の発生部に、面状の小さな角板(かくばん)のあとがある。

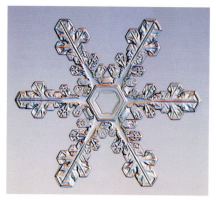

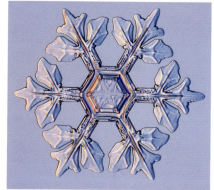

星形樹枝結晶は通常の星形の角板と同じく、気温と湿度に敏感に反応しながら育つため、最終的にできる結晶の形状はバラエティに富む。側枝の本数や幅の広さの違いが、見た目をこれだけ変化させる。

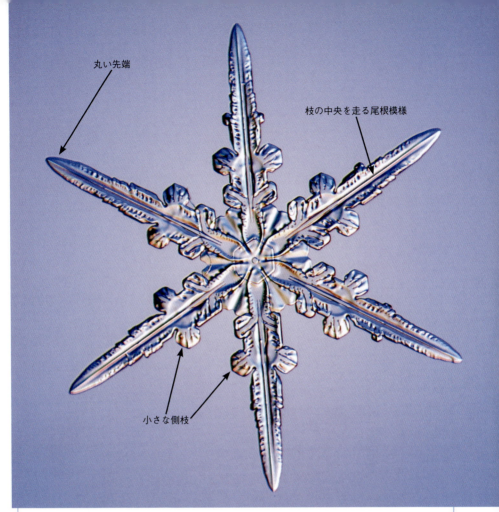

丸い先端

枝の中央を走る尾根模様

小さな側枝

クローズアップ　シンプルな星形　主枝を芽生えさせる程度に高湿度だが、側枝をたくさん芽生えさせるほどの湿度ではない場合、上の写真のような、枝にこれといった特徴のないシンプルな星形の結晶があらわれる。右の写真はさらにシンプルな結晶で、まっすぐな主枝しかない。どちらも大きさは2 mm弱である。

クローズアップ　内側に伸びた側枝　ごくまれに、側枝が内向きに育った結晶が見つかることがある。枝は水蒸気が豊富な場所を求めて外側に伸びるのがふつうなのに、矢印で示した側枝は内側に伸びている。ただし、外向きだろうと内向きだろうと尾根模様の立った枝はすべて、たがいに60°の角度で分岐する。通常は、星形樹枝の側枝はそばにある側枝と平行に伸びる。

シダ状星形樹枝

シダ状星形樹枝は大きく薄い板状の結晶で、シダの葉のように細い主枝と側枝がびっしりと生えているのが特徴だ。側枝はすべて主枝に対して60°の角度で平行に並んでいる。このタイプの結晶はわりあい多く、また大きく目立つため、スノーウォッチャーには見つけやすい。

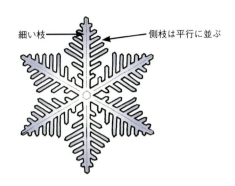

シダ状星形樹枝は雪の結晶としてはサイズがもっとも大きく、ごくまれに直径10mmを超えるものに出会える。だが、厚さはその1/100未満とひじょうに薄い。湿度が高く気温が−15℃前後という条件下で、急速に成長して大量の側枝を作り出す。

複雑に入り組んでいるように見えても、主枝と側枝が一定の角度で並んでいれば単一の結晶だとわかる。これは水分子が整列しているためだ。

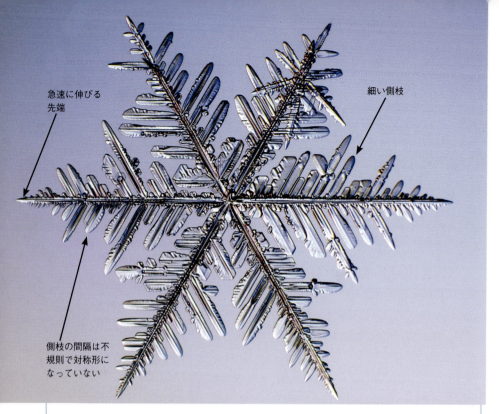

急速に伸びる先端

細い側枝

側枝の間隔は不規則で対称形になっていない

クローズアップ　　暴走する樹枝成長　　上の写真の結晶は、育ったときの湿度の高さをよくあらわしている。生まれた直後から豊富な水蒸気にさらされて、樹枝成長の不安定性が強くはたらいたため、早い時点で面の成長から樹枝成長に移行した。本来なら結晶の中央に見られる最初の面形成のなごりが見られない。

　六本の主枝のベースができると、そこからさらに、細い側枝がびっしりと芽生えた。主枝の先端に面形成が起きないまま（きちんと角ができないまま）側枝が生えたため、側枝の配置はきれいな対称形にならなかった。このタイプの結晶は、成長速度が速すぎて統制できない。

　この写真の結晶は端から端まで 2 mm 強の中サイズだが、ひじょうに薄くて平たい。底面がナイフエッジの不安定性の作用を受けてそれ以上厚くならなかったからだ。薄くて軽いため、雪雲から舞い降りるのにも時間がかかる。時速 1 マイル（1.6km）にもならないだろう。落下速度が遅ければその間も育ち続けるので、シダ状星形樹枝の結晶は巨大化しやすい。

クローズアップ　育ち方を想像する楽しみ　このカラフルな結晶の写真は、育った過程をよく物語ってくれている。まずは小さな六角板として生まれ、すぐに六本の主枝（しゅし）を出した。前のページの結晶のときほど湿度が高くなかったので、中央に六角板のなごりが見える。最初のうち、主枝はまっすぐ伸びた。側枝（そくし）があまり出ていないことから、湿度はそれほど高くなかったと思われる。

　主枝が最終的な長さの40％ほどに達したころ、湿度はさらに下がり、枝の先端は面成長を経験した。それから雪雲の濃い場所を通過したため周囲の湿度が上がり、側枝が芽生えた。その後はずっと主枝と側枝を伸ばしていき、ついに2.4mmのサイズにまで成長した。前のページの結晶と比べると側枝は幅広（はばひろ）で、間隔もびっしりつまっているというほどではないが、これもまた、湿度が比較的低かったことを示している。さらに、最終的なサイズが大きいということは、雪雲の中にいた時間が長かったということだ。

　外側の枝がぐんぐん育っているころ、内側も高い湿度にさらされていた。前半、側枝が芽生えずに空間になっていたところを、あとからできた角板（かくばん）が埋めた。

クローズアップ　　巨大な結晶　　長年スノーウォッチングをしてきたおかげで、このような巨大なシダ状星形樹枝の結晶に出会うチャンスがめぐってきた。この結晶は端から端まで10.2mm、10セント硬貨ほどの大きさである。このような大きな結晶には、オンタリオ北部でしか出会ったことがない。ここは大きな雪結晶のメッカなのだ。大型の雪の結晶が空中から舞い降りてきて、ジャケットの袖に着地するのを確認するときの気分は、何とも言えない。私はこの結晶を撮影するのに顕微鏡の倍率を最小にしたが、それでも4枚に分けなければカメラに収まらず、あとでコンピューターで合成しなければならなかった。

　この結晶は、同じ形を大小の単位でくり返している（フラクタル構造）。小枝からさらに小枝が出て、その小枝からまた小枝が出ているのだ。

クローズアップ　　連結した結晶　　樹枝状の結晶は、それに適した条件下では豊富に降ってくる。この写真は、大型の星形樹枝結晶ばかりの雪が降ったあと、車のフロントガラスについていた雪を接写したものだ。雪結晶のとげだらけの枝がたがいにからまって、ふんわり軽い氷の綿毛になっている。なお、音の振動は雪の結晶と結晶の隙間に吸収されるため、このような雪が降ったあとは世界がとても静かだ。

中空の角柱

　このタイプの結晶は、シンプルな六角柱の両底面に円錐状の穴が開いているものだ。穴は通常、結晶の中央軸にそって対称の形になっていて、穴の先端どうしは中心でくっつきそうなほど接近している。中空の角柱は肉眼で見つけることはむずかしく、とくに内部構造は顕微鏡でしか見られない。とはいえ、この形の雪の結晶は多く、あまり寒くない雪の日にはよく出会える。

　中空の角柱は気温が－5℃前後でできる（結晶形の早見表を参照）。気温が高いと昇華蒸発しやすいため、はっきりした六角柱の構造が見えることは少なく、丸みをおびて円筒形に見える。

　ここに紹介している写真の結晶はどれも、長さ1mm前後の小さなものだ。右の写真の結晶はそれより短めで、下の写真のものは長めだ。あまりに小さいので、ダイヤモンドダスト（シンプルな六角柱、35ページ参照）との境界があいまいだが、私はダイヤモンドダストについては「より結晶面がシャープなもの」と定義している。

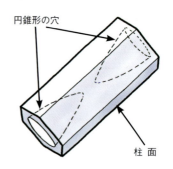

円錐形の穴

柱面

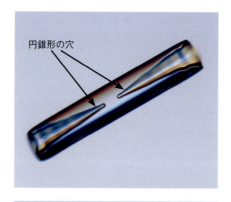

円錐形の穴

中空の角柱は－20℃付近でも育つが、ここまで気温が低いと雪はほとんど降らない。雪になる水蒸気がなくなってしまうからだ。「寒すぎて雪も降らない」とよく言われるが、実際には「乾燥しすぎて雪が降らない」のだ。

中空の角柱ができるのは、樹枝成長の不安定性と同じしくみがはたらくからだ。右のイラストは、中空の角柱の成長を時間の経過ごとにあらわした断面図だ。結晶が小さいときは面の成長が優勢で、密な角柱になる。結晶が大きくなるにつれて、周囲の水蒸気が減るために均等に育ちにくくなってくる。角の部分がわずかに突出すると、そこに水分子が結合しやすくなり、外側への成長に加速がつく。外側が長くなればなるほど、内側のへこんだ場所には水蒸気が届かなくなるため、内側は成長するのをやめてしまう。

ここにある写真の結晶はどれも、中空の角柱の特徴をよくあらわしている。たとえば、上下にある円錐形の穴は、中央でけっしてつながることはない。なぜなら中央には、結晶が中空形状を作り出す前にベースとなっていた、密な（中空でない）六角柱があるからだ。

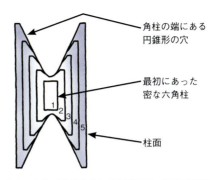

中空の角柱が成長するときの断面図。数字は時間の経過をあらわす。

なお、同様の理由で、どんな雪の結晶にもかならず中心に密なところが存在する。

中空部分が円錐形の理由も、上の断面図で説明しよう。中空の端の直径は、成長中いつも外側の角柱の直径と一致する。外側の直径も内側の直径も、角柱が長くなればなるほど広がる。こうして円錐状の形ができあがるのだ。

最後に、中空の角柱の二極対称性は、星形角板の六方対称性と同じしくみでできる。角柱の両極は同時に同じ環境にさらされるため、同じ成長のしかたをするのだ。雪の結晶の成長ルールを知りさえすれば、すべて納得がいくことだろう。

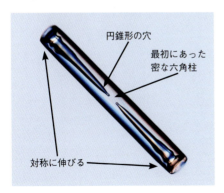

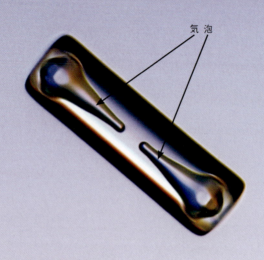

気泡

クローズアップ　気泡入りの角柱　中空の角柱すべてが標準どおりの育ち方をするわけではない。結晶はそれぞれ雪雲の中で異なる体験をし、ハプニングにあう。ときには上の写真のように、角柱の先端がふさがって、円錐形の空間を閉じ込めることがある。

　おそらく、中空の角柱の周囲でとつぜん気温と湿度が下がったのだろう。気温が低いと角柱よりも角板を作りやすくなり、湿度が低いと樹枝成長より面成長が進みやすい。そのため角柱の先端では、長さを伸ばすことより横に広がって穴を封じる方向に力がはたらいたのだ。気泡はひじょうに小さいため見逃しやすいが、こういう結晶を見つけるのが宝探しの醍醐味だ。

気泡

66

針状の結晶

針状の結晶は、角柱タイプの細長いものと考えていい。中空の角柱が伸びただけのシンプルなものもあるが、たいていはもっと複雑な形になる。このタイプの結晶は肉眼で見つけやすく、ジャケットの袖についたときは白い毛羽のように見える。もちろん詳しい構造を観察するには顕微鏡か度の強いルーペを使わなければならない。針状の結晶はわりとよくあるタイプで、見つかるとすれば大量に見つかることになるかもしれない。

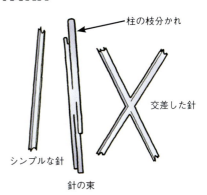

シンプルな針
針の束
柱の枝分かれ
交差した針

針の束は、気温が－5℃前後と比較的高く、また湿度も高いときにできやすい。長さは3mmにもなり、針状の結晶は角柱タイプの雪の結晶としては最長のものである。

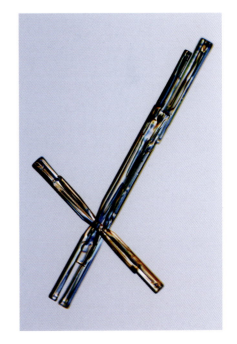

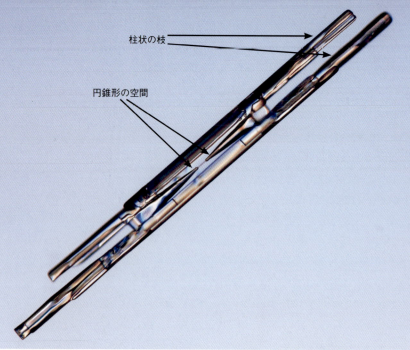

柱状の枝

円錐形の空間

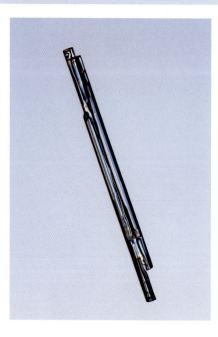

クローズアップ　**針の束**　針状の結晶が並んで束になるのは、単一の角柱の端が途中で分かれて別の針状の結晶を作るからだ。たとえば上の写真の場合、結晶の内部に円錐形の空間が見える。これは、この針の束が当初はシンプルな中空の角柱だったことを示している。最初の角柱はエンピツのような六角形なので、両端には六つの角があった。そこから樹枝成長の不安定性の作用によって、枝が芽生えた。この結晶の育ち方は柱状なので、枝も針状になった。針の束はよく見られる形態で、どれもいま述べた育ち方のバリエーションとなる。

つづみ形

　角柱の両底面に星形の角板がついたこのタイプは、和楽器の「つづみ」または「糸巻き」に似た形をしている。この種の結晶はけっして多くはないが、比較的暖かい降雪時にシンプルな柱状の雪の結晶にまじって降ってくることがある。つづみ形の結晶は肉眼でわかるほどの大きさがあり、また特有の形をしているので、見分けやすい。

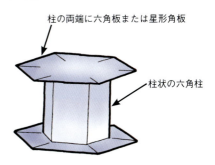

柱の両端に六角板または星形角板

柱状の六角柱

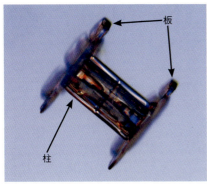

板

柱

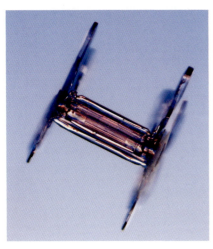

　つづみ形は、雪の結晶が「中年の危機」におちいって、育ち方をいきなり柱状から板状に変えたように見える。この現象は、前線付近で大きな気団が上空に押し上げられるときに起こる。空気は上空にいくにしたがって冷やされ、雲になる。気温が－6℃あたりまで下がると、雲の水滴の一部が凍って初期の雪の結晶となる。この気温だと、結晶は柱状に育ちはじめる。しかし、気団がそのまま上昇して気温が－15℃付近にまで下がると、それ以降は板状に育ち方を変えて、つづみ形の角柱となる。

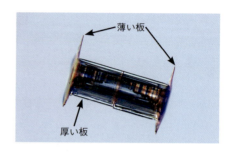

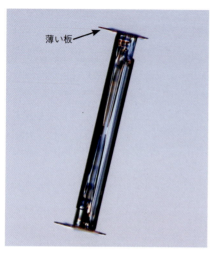

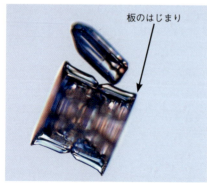

　つづみ形の結晶で不思議なのは、柱状から板状への移行がいきなり起こることだ。上の二枚の写真のように、つづみ形の典型は、平凡な角柱の両端に薄い板がぺたりとはりついたようになっている。
　このようなつづみ形になるのは、一定期間シンプルな角柱として育ったあと、突然に薄い板状に育ち方を変えるからだ。気温の変化はゆっくり起こるものだが、ゆっくり移行した形跡のあるつづみ形にお目にかかることはまずない。
　この謎を解くカギは、ナイフエッジの不安定性にある。何かがいきなり起こるというのは、不安定性の結果だ。あるとき突然、不安定性が起動して、薄いエッジが角柱の端にあらわれるのだ。
　いったんエッジができると、ナイフエッジの不安定性が板状の結晶の成長を加速させる。左の二枚の写真の結晶はエッジが生まれた直後の状態で、こ

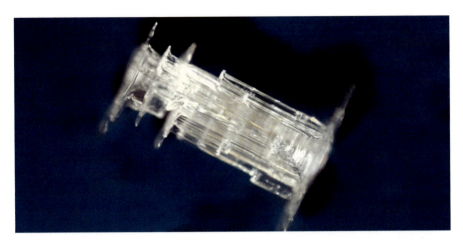

のまま育ち続けると立派なつづみ形になる。

　つづみ形の結晶が複数、重なったように見える結晶もある。柱の両端に二枚の星形の板が育つだけでなく、柱の側面にあるさまざまな突起部からまた別の板や部分的な板が発生している。

　このような「つづみ形の段重ね（だんがさね）」の結晶は、複雑な角柱（かくちゅう）の束（たば）が板状の育ち方に切り替わったときにできる。見た目は独特だが、とくに珍しいタイプというわけではない。不完全な形をした角柱の結晶はわりとよく見られる。

　角柱の側面に何であれ突起や傷があると、それがきっかけとなって板状の結晶への成長がはじまる。ときには雲粒（うんりゅう）が核になって成長がはじまることもある。

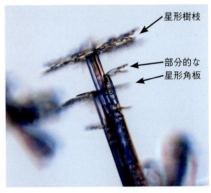

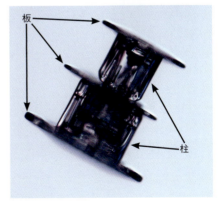

雲粒から発生した多数の角板

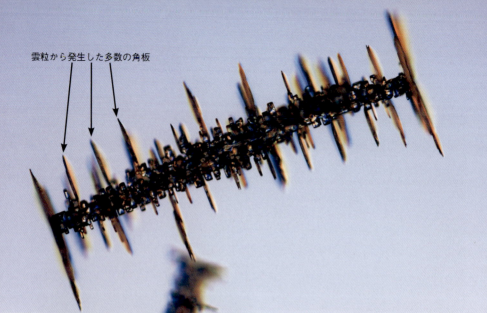

クローズアップ　毛虫のような結晶

つづみ形の段重ねは、氷の世界の毛虫のようになることもある。このページの二枚の写真はどちらも、シンプルな針の結晶におびただしい角板の結晶が加わったものだ（写真では側面から撮影している）。最初はシンプルな針状の結晶だったが、そこに雲粒がついた。それから気温が下がり、雲粒から板状の結晶が発生したのだ。よく見ると、雲粒は下にある針状の結晶と格子の方向をそろえている（29ページ参照）。どんなに複雑に見えても、角板はどれもたがいに平行であることから、この「毛虫」は単一の氷の結晶であるとわかる。この結晶内で水分子は完全に整列しているのだ。

クローズアップ　つづみ形の両端についている角板　右の三枚の写真は同じ結晶を、見る角度と焦点を変えて撮影したものだ。

いちばん上の写真は、スライドガラスの上に降ってきた雪の中から見つけた結晶を側面から撮影したものだ。円錐形(えんすい)の気泡(きほう)が見えることから、この結晶はかつてシンプルな中空(ちゅうくう)の角柱だったとわかる。

私は最初の写真を撮ったあと、小さな絵筆で結晶を慎重(しんちょう)にころがし、星形の角板(かくばん)面を上にした。そして、上になった小さいほうの角板に顕微鏡の焦点を合わせて撮影したのがまん中の写真だ。典型的な星形の角板結晶だが、対称性はやや不完全で、角柱とつながっているところが黒く見える。

結晶を動かさずに、下になっている大きいほうの角板に焦点を合わせて撮影したのがいちばん下の写真だ。上下の角板は大きさこそわずかに違うが、形状は同じだ。同時に同じ条件の環境を旅してきたことを示している。

上下の角板は水蒸気を求めて競争したのだろう。そして、たまたま水蒸気を多く得たほうの角板が速く育って、大きくなった。

73

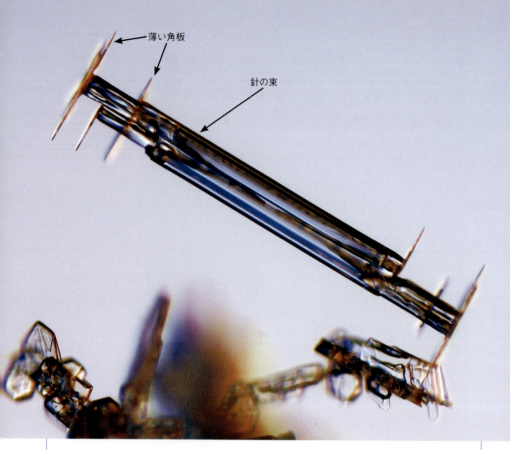

クローズアップ　角板つきの針　上のみごとな結晶の写真は、私のお気に入りの一枚だ。「つづみ形」というより「角板つきの針」というほうがふさわしいほど、柱が長く伸びてから（1.7mm）板が出現している。

　この結晶で注目してほしいのは、両端の板がすべてひじょうに薄く、かみそりの刃のように鋭いエッジになっていることと、育ち方が柱状から板状に唐突に移行していることだ。これはナイフエッジの不安定性が一気にはじまったことをあらわしている。

　これほど大きなつづみ形を見たのは、私自身、このとき一回きりだ。その日はミシガン州アッパー半島にいた。そしておよそ半時間のあいだ、すばらしいつづみ形の結晶が、つぎからつぎへと降ってきたのだ。めずらしい形の雪の結晶でも、条件さえ整っていれば豊富に出会えるといういい例だろう。

二重板

　短い角柱をはさんで二枚の薄い角板が重なっているのがこのタイプである。大きいほうの角板が星形で、もう一方の小さいほうが六角板であることが多いが、もちろんさまざまなバリエーションがある。この手の結晶は珍しいものではなく、実際に星形の結晶の多くは二重板になっている。

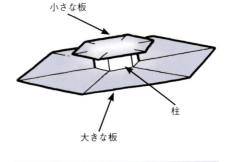

小さな板
柱
大きな板

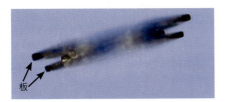

板

柱　板

　上の二枚の写真は二重板の結晶を側面から撮影したものだ。二重板はつづみ形の角柱の極端に短いもので、育つときの気温としくみはほぼ同じだ。

　柱をはさんだ二枚の角板は至近距離にあるので、水蒸気の獲得競争をすることになる。何かのきっかけで一方の板が先んじると、そちらに成長の加速度がつくため、もう一方の板の成長は遅れる。右の二枚の写真は二重板の結晶を、大きな板と小さな板とに焦点を変えて撮影したものである。

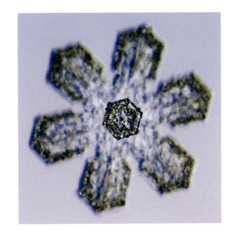

75

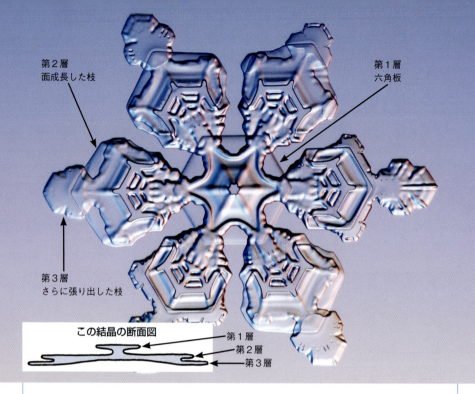

クローズアップ　三重板の結晶　この写真は一見、ふつうの星形の結晶に思えるが、実は角板が三重になっている。写真の左下のイラストは、この結晶の断面図だ。

　この結晶はまず、六角板になった（第1層）。この写真では焦点が合っていないためぼやけて見えるが、中心部にあるきれいな六角形がそうである。つぎに、二重板になった。最初の六角板は小さいまま、もう一方の角板が急速に育って星形になった（第2層）。もとの六角板は大きいほうの角板に水蒸気を奪われるため、なかなか成長できない。そのため六角板は小さく、面の成長が保たれている。二重板の結晶では、大きいほうの角板が枝分かれして、小さいほうの角板がそのままというケースが多い。

　この結晶は、最終的な大きさの半分ほどになったころ湿度の低いところを通り、枝が厚くなった。その後、湿度が上がったため、枝分かれしている角板それ自体が二重板を形成した（第2層と第3層）。ここでもまた、二番目の角板より三番目の角板のほうが盛んに育った。星形の結晶には、このように角板が層になった結晶が多い。

中空の角板

厚い角板の結晶に、柱面方向から穴が開いているのがこのタイプだ。柱面がつながって氷の中に気泡を閉じ込めているものもある。雪の結晶には空洞や気泡が入っているものが多い。

中空の角板は基本的には中空の角柱（64ページ参照）の「板」バージョンである。最初は平らな面を持つ厚い板状の結晶だったが、その後、平面のエッジ部が中心部よりも速く成長して、成長しそこねたところが空洞となって残るというわけだ。

中空の角板は、角柱になる気温と薄い角板になる気温のあいだ、つまり−12℃前後で育つ。この気温だと角板は厚くなりがちで、湿度がそこそこあると空洞ができる。気温と湿度の変動ぐあいによっては、右のまん中の写真のように、空洞が奇妙な形になることもある。空洞は下の二枚の写真のように、枝の部分に広く浅くできることが多い。

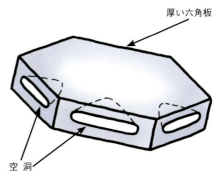

厚い六角板

空洞

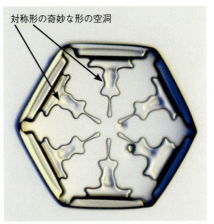

対称形の奇妙な形の空洞

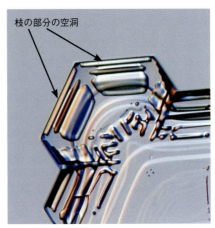

枝の部分の空洞

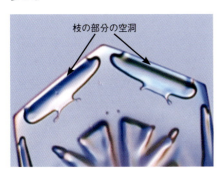

枝の部分の空洞

空洞が入った枝

焦点の合っていない六角板

クローズアップ　ぶ厚い星形の角板　この写真は、ぱっと見ただけではわからないかもしれないが、二重板の結晶だ。内側のぼやけた部分は、カメラの焦点が合っていない。焦点が合っている外側は大きく、枝分かれしている。ぼやけているほうは、小さい六角板だ。大きい角板の枝の柱面には、くっきりした形の空洞があいている。以上のことから、この結晶はかなり厚みがあるとわかる。おそらく気温−12℃付近で育ったのだろう。

気泡

クローズアップ　角板の中にある気泡

上の写真の結晶に見える「模様」は、ほとんどが氷の中に閉じ込められた気泡だ。右の拡大写真で見ると、よくわかるだろう。気泡は、中空の角板が育つうちに空洞の出口をふさいでしまうためにできる。中空の角柱で気泡ができるしくみと同じだ（64ページ参照）。

　角板の表面にできる凹凸の模様と気泡は、見ただけで簡単に区別できるものではないが、気泡はたいてい丸みをおびていて、ふぞろいなことが多い。気泡を含んだ雪の結晶は見た目にまろやかで美しい。

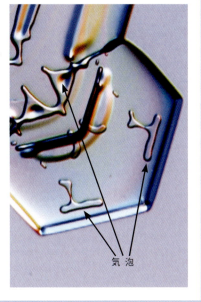

気泡

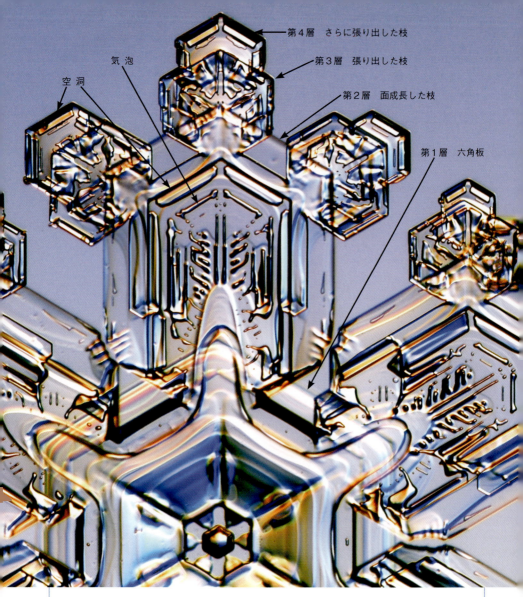

クローズアップ　多重板と気泡　この写真は、42ページの結晶の一部を拡大したものだ。この結晶は、珍しい四重構造になっていて、枝の部分にたくさんの空洞と気泡が入っている。やはり−12℃付近でできた、厚みのある結晶だ。空洞と気泡が入った多重構造のおかげで、この結晶はひじょうに華やかに見える。

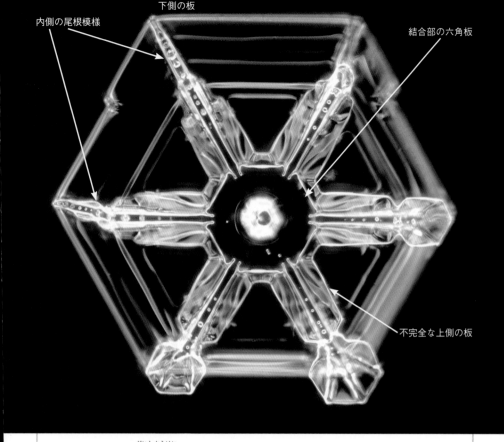

クローズアップ　骸晶形（がいしょうけい）　この写真は、端から端まで0.8mmしかない小さな結晶を近接撮影したものだ。この結晶はまず、小さな六角板として生まれた。大きくなるにつれて、深い空洞（くうどう）のある中空角板（ちゅうくうかくばん）となった。すぐに、一方の角板がもう一方より水蒸気を奪いながら成長速度を上げた。水蒸気を奪われたほうの角板は、角板としての完全な形に成長できなかった。

このような結晶の形は、全体を支えている内側の尾根（おね）模様が骸骨（がいこつ）のように見えるため、骸晶形（がいしょうけい）と呼ばれている。

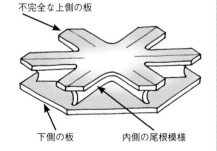

ずれた角板

　このタイプの結晶は、二重板が非対称に成長したものと考えるといい。一方の角板の一部が大きくなり、もう一方の角板の反対側の一部が大きくなる。その結果、部分的に成長した二つの角板が中央でつながったものになる。このタイプはふつうの星形結晶にまじって降ってくるが、見た目にアンバランスなので区別しやすい。「ずれた角板」

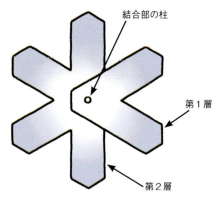

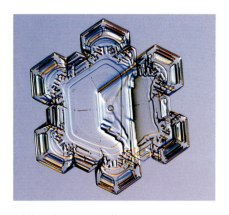

が落下中に二つに分かれてしまい、不完全な「部分」として降ってくることもある。

　このタイプの結晶も、やはり二つの角板の水蒸気の奪い合いによってできる。最初は対称的に成長していても、一方のエッジが水蒸気を奪うと、反対側のエッジは水蒸気に飢えてしまうのだ。こうして、両方の角板がそれぞれ部分的に成長すると、ずれた角板となるのである。

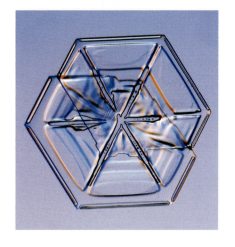

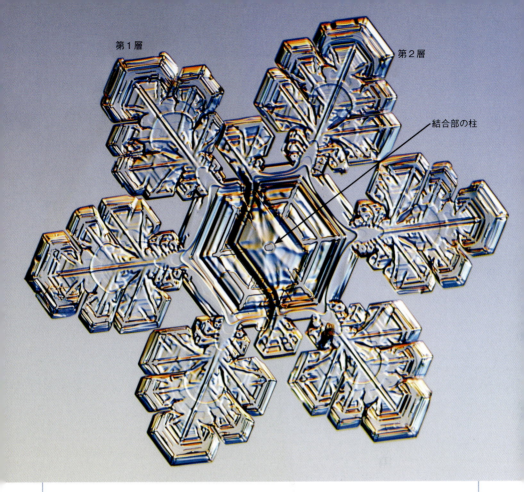

第1層　第2層　結合部の柱

クローズアップ　クラシックな星形のずれた角板　この写真の結晶は見た目は複雑だが、成長過程はたやすく想像できる。最初はいつもどおり、雲の粒がシンプルな六角柱になった。このときの結晶の形は、おそらく高さも幅も同じだったはずだ。

その後、薄い板状に育つような環境になった。ナイフエッジの不安定性がはじまり、シンプルな六角柱はすぐに二重板となった。二つの角板はほんのしばらく同じ速さで成長したが、すぐに一方の右半分と、もう一方の左半分に勢いがついた。結晶は「ずれた二重板」のまま育ち続けて枝を出し、六本の枝はほぼ対称形となった。その結果できあがった結晶は、ふつうの星形角板のように見えるものの、二組の枝の支点がわずかにずれている。

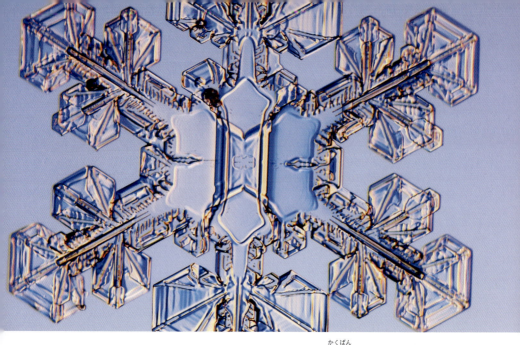

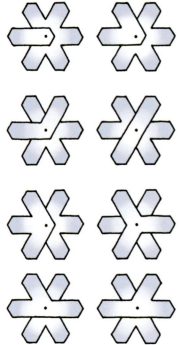

（図）八通りの分かれ方

ずれた角板は二層の板が半分ずつに分かれて育つことが多いが、分かれ方は左のイラストのように八通りある。二つの板が六本の枝を出すわけで、六本の枝が成長競争をする。どの枝がどちらの板に属するかによって、組み合わせは八通りになるということだ。

上の写真の結晶は左の図の四番目の、四対二の二重板だ。この結晶が落下中に分裂すると、下の写真のような「結晶の断片」が降ってくる。

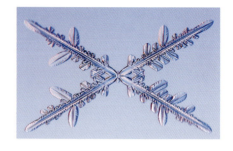

シャンデリア風の結晶

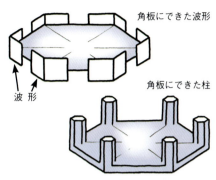

角板にできた波形
波形

角板にできた柱

結晶が板状の育ち方から柱状の育ち方に変わるとき、板の上に波形の巻き上がり（スクロール）や柱があらわれる。柱状から板状になったあとふたたび柱状に戻り、何ともいえない精巧な形になることもある。この種の雪の結晶はひじょうにまれで、気温が比較的高いとき、たくさんの結晶を観察しているうちに見つけるかもしれない。

右の二つの図は、つづみ形の角柱に似ているが、育ち方が柱状から板状に変わるつづみ形とは反対に、板状から柱状に変わっている。

角板の上に波形や柱が立ったものを、私はシャンデリア風の結晶と呼んでいる。右の二枚の写真は、まず厚い角柱となり、それからつづみ形になり、最後に角板の外側エッジ部から柱や波形が立ち上がってきたものだ。この種の結晶が珍しいのは、このような形になるのに必要な「気温変動一式」を経験する結晶が少ないからだ。

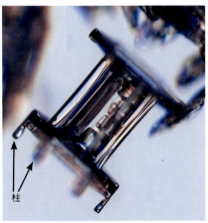

柱

波形

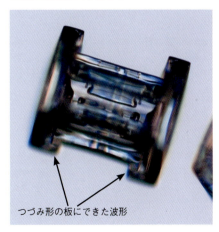

つづみ形の板にできた波形

85

砲弾の群れ

「砲弾の群れ」とは、一個の核の周囲に柱状の結晶が集まったものである。水蒸気の争奪戦により中央付近は成長がさまたげられるため、柱状の結晶は中央で細い砲弾のような形になる。砲弾の群れが何かの拍子に壊れると、「孤立した砲弾」が出現することになる。「つづみ形砲弾の群れ」は各砲弾の端に角板が育ったものだ。

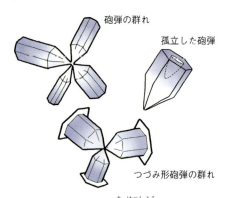

砲弾の群れは「多結晶」と呼ばれる結晶形態をとっている。多結晶とは、ばらばらな方向を向いた「単結晶」が複数集まったものをいう。ちなみに、これまで説明してきた雪の結晶はどれも、単結晶だ。

多結晶は通常、雲の水滴が急速に凍ったとき、分子格子の配列に欠陥が生じて発生する。複数の砲弾の向きはふぞろいなので、全体としては対称形になっていない。

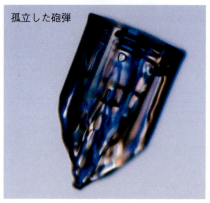

立体放射形の結晶

立体放射形の角板と樹枝は、砲弾の群れと同様の多結晶である。違いは、柱状の結晶のかわりに板状の結晶または樹枝状の結晶がつながっていることだ。ある一点を中心に、複数の単結晶がばらばらの方向に成長する。こうした多結晶は、角板タイプの雪の結晶にまじってよく降ってくる。

雲の水滴が凍ったとき単結晶になるか多結晶になるかは、いろいろな要因で決まる。大きな水滴は多結晶になりやすい。大量の塵があるときもだ。多結晶は塵とぶつかったりくっついたりしてできやすい。下の写真の結晶は、おそらく雲粒がくっついて凍り、それを核にして別の枝が別な方向に育ったものだ。雲粒を核に芽生えた枝は、手前、つまりカメラのレンズ側に向かって伸びている。

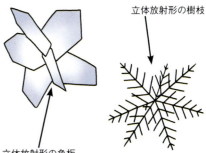

立体放射形の樹枝

立体放射形の角板

立体放射形の角板

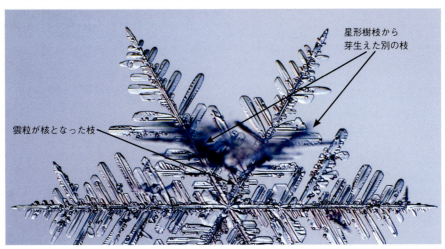

星形樹枝から芽生えた別の枝

雲粒が核となった枝

さや形

　さや形は、中空角柱(ちゅうくうかくちゅう)の極端な形だといえる。壁の部分がひじょうに薄く、細長いワイングラスのようだ。さや形の結晶はめったになく、あるとすれば比較的暖かい降雪時に角柱や針の結晶にまじって降ってくる。

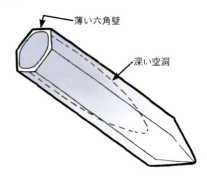
薄い六角壁
深い空洞

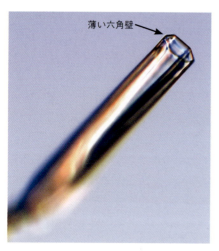
薄い六角壁

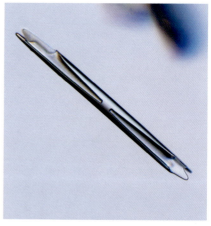

　薄いエッジ部を急速に成長させるのは、やはりナイフエッジの不安定性がはたらいているからだ。気温−5℃付近で中空角柱として育ちはじめるが、周囲の条件がぴたりと合ったところでナイフエッジの不安定性が起動し、湿度と気温の条件が保たれるとエッジをどんどん伸ばして空洞(くうどう)を深くしてゆく。美しいさや形の結晶はどういうわけか上の写真のように片側方向だけに発達する。右下の写真は、孤立した砲弾がさや形(がた)に移行したものだ。

カップ形

カップ形の結晶は、砲弾にアサガオのように広がった壁がついた形をしている。つづみ形の角柱(かくちゅう)やつづみ形の砲弾に似ているが、角板がついているわけではない。このタイプの結晶は小さく珍しいのでそう簡単には見つからないが、比較的暖かい降雪時に小さな角板(かくばん)や角柱にまじって降ってくる。

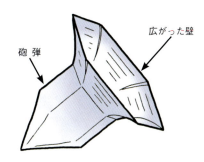

カップ形は、角柱ができる気温と角板ができる気温の中間でできる。カップ形の結晶は気温が－5℃付近で、最初は砲弾の形をしている。その後、気温のわずかな変動を受けるが、その気温差は中空角柱やつづみ形になるほど大きくないため、アサガオのように広がった壁ができるというわけだ。

結晶形の早見表の角板と角柱の中間で育つ結晶は、ずんぐり太っていながら小さくまとまった形のものになりがちだ。質量に対してサイズが小さいということは、分子をたくさん集めても大きくならないということだ。

写真にはないが、広がった壁が両端についたダブルカップ形の結晶もある。とはいえ、それはまれな例で、たいていのカップ形は砲弾から育って、片側だけにアサガオのような壁をつける。

カップつき砲弾の群れ

89

三角形

このタイプの結晶は、通常の六方対称ではなく三方対称となっているのが特徴だ。いちばんよく目にするのは、先端を切り取られたような三角形で、そこに枝がついていることもある。三角の結晶は珍しく、たいてい小さいので見つけにくいが、比較的暖かい降雪時に角板や角柱にまじって降ってくる。

外観は不規則に思えるかもしれないが（六角板でなく三角板なのだから）、けっして不規則な対称性をしているわけではない。水分子はきちんと六角格子に並んでいて、結晶面の角度も変わっていない。しかし、何らかの理由で三つの柱面が他の柱面より速く育ってしまうのだ。

三角の結晶は、通常－2℃付近で作られる。見た目に目立たないこともあり、顕微鏡でたくさんの結晶に目を通してやっと見つけることができる。

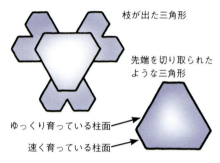
枝が出た三角形
先端を切り取られたような三角形
ゆっくり育っている柱面
速く育っている柱面

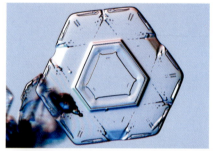

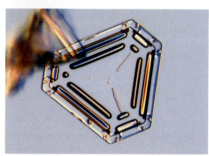

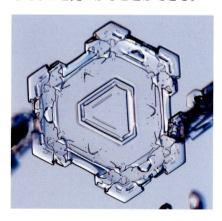

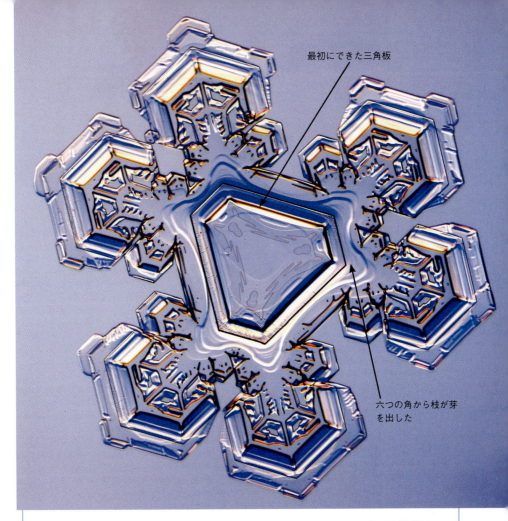

最初にできた三角板

六つの角から枝が芽を出した

クローズアップ　三角になる謎　中心にくっきりと見えるあばら骨模様は、この結晶が最初は三方ずつ違う速度で面成長した三角板だったことを物語っている。その後、六つの角から枝が出た。この結晶は端から端まで 3 mm もある、珍しく大きなものだ。

　三角の結晶がなぜできるのか、なぜ早い段階で先端を切り取ったような三角形になってしまうのかは、いまもって謎である。六つの柱面の成長速度を変えるしくみは不明だ。それに、柱面の成長速度は勝手気ままに変わるのではなく、三対三の秩序を保って変わっている。ちなみに三角の結晶は、一個見つけると同じ降雪時に数個見つかることが多い。

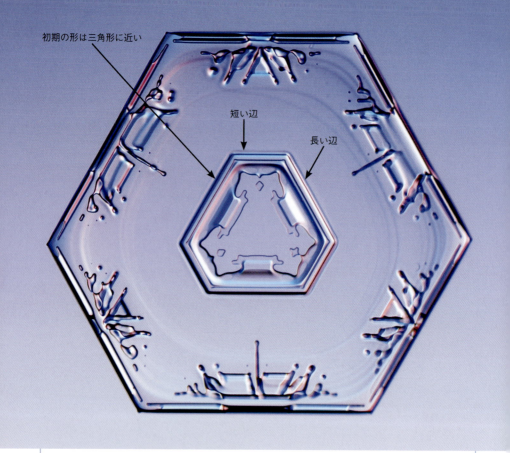

初期の形は三角形に近い

短い辺

長い辺

クローズアップ　心変わりした三角板　この写真の結晶もまた、三角の結晶の育ち方の謎を示している。全体の形はほぼ六角形に見えるが、それは外側の六辺の長さがほぼ一定だからだ。だが、内側のあばら骨模様を見ると、この結晶は小さいとき三角板だったことがわかる。短い辺と長い辺の長さは倍ほど違うのだ。この結晶は、小さいときには三つの柱面（ちゅうめん）がより速く育って三角板になった。その後、何かが起こって六つの柱面の成長速度がほぼ同じになり、六角板へと矯正（きょうせい）されていった。なぜこんなふうに途中で心変わりしたのかは、謎でしかない。

　私はこの結晶をミシガン州北部で見つけた。たくさんの六角板の中に、数個の三角板がまじっていたのだ。よく見ると、結晶の外側付近にできている模様の形も三対三になっている。

双晶

　双晶とは、二つ以上の単結晶が、ある特定の位置関係で結合してできた多結晶だ。結合する際の位置関係によりさまざまな双晶ができるが、とくによく見られる数種類を紹介しておく。なお、どれもひじょうに小さく見逃しやすいので、意識して探す必要がある。

　双晶の角柱　一見、ふつうの角柱だが、結合部分にベルトのような線が入っている。これは、昇華蒸発によってできる溝だ。ふつうの角柱がたくさん降っているときには、かならずこのような双晶がまじっている。双晶かどうかを見分けるには、蒸発による溝を目印にするといい。

　双晶の角柱が何たるかを理解するには、単結晶の角柱を柱の長さの半分のところで切り分けたと想像してみてほしい。そして片方だけ角度を60°回転させて、ふたたびくっつける。分子結合は以前とまったく同じではないが、うまく適合する。120°回転させると、切断する前とまったく同じように強く結びつく。

　自然界では、このような結合が偶然に起きることがある。しかし、二つの結晶はそのままふつうの角柱のように育つ。もちろん単結晶に比べると、二つの結晶が合わさっている接合面の分子結合は少々弱い。昇華蒸発は結びつきが弱いところほど速いため、接合面に溝ができるのである。

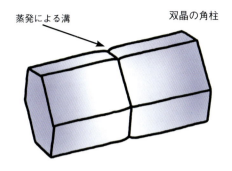
蒸発による溝　　双晶の角柱

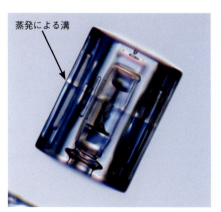
蒸発による溝

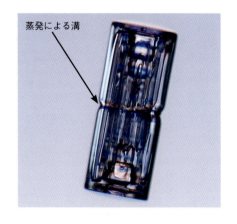
蒸発による溝

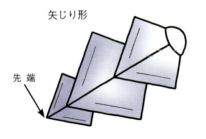

矢じり形
先端

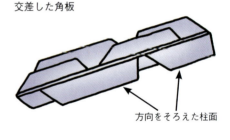

交差した角板
方向をそろえた柱面

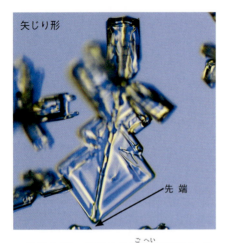

矢じり形
先端

交差した角板
方向をそろえた柱面

矢じり形 矢じりや御幣が連なったように見える双晶の一種である。ひとつの結晶面（接合面）を共有してつながった双晶がいくつか積み重なったもので、接合面をはさんで鏡面対称の形になる。

　矢じり形の結晶は−5℃前後でできやすいため、かならず中空角柱や針状の結晶といっしょに降ってくる。それらが合体して、上の写真のようになって降ってくることが多い。

交差した角板　−2℃付近で育つ角板は、ひとつながりの交差した角板になることが多い。角板はたがいに決まった角度で結合している。柱面は方向がそろっているため、外側のエッジは平行になる。

　交差した角板はよくある雪の結晶だが、気温が高めのときにできるため、蒸発によってエッジが丸くなりやすい。見つけたときには形が崩れていることも多く、写真撮影はむずかしい。柱面が方向をそろえているかどうかが、見分けるコツとなる。

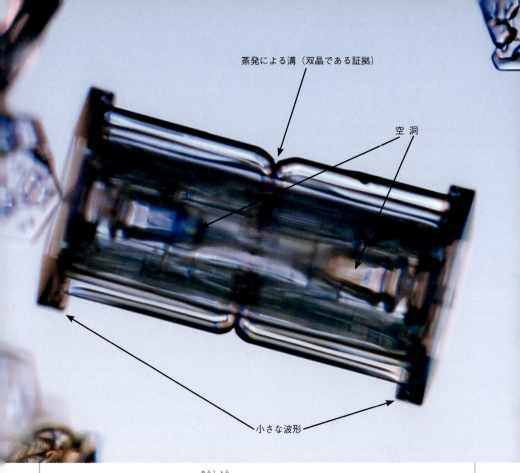

蒸発による溝（双晶である証拠）

空洞

小さな波形

クローズアップ　つづみ形の双晶角柱　これは、いくつかの特徴が組み合わさっている例だ。蒸発による溝がひじょうに深く、双晶であることを明白に示している。角柱の中には空洞が見え、両側のエッジには小さな波形（スクロール）が立っている。

　このような双晶は、成長初期の氷の核がとても小さいときに発生する。育ちつつある格子に結合する場所を求めて競い合う分子は、かならずしも正しい場所に結合するわけではない。一か所に欠陥が生じると、全体が欠陥品のものを作ってしまう。この作用はシャツのボタンのかけ違いにたとえられる。最初のボタンを間違った穴にかけてしまうと、その後のボタンもすべて正しくない穴にかけることになる。最初の間違いが何であるかによって、できる双晶の種類も異なる。

十二枝

　十二枝は、二つの星形結晶が中心点を同じくして30°回転した状態で結合しているもので、これも双晶の一種だ。十二枝の結晶は珍しいが、あるとすればふつうの星形角板にまじっているはずだ。

　十二枝の結晶がどのようにできるのかは、まだはっきりしたことはわかっ

ていない。めったに起きない現象だが、でたらめに起こるわけではない。このタイプの結晶は、出会わないときにはぜったいに出会わないが、ひとつ見つけたときには同じ日に複数見つける可能性が高い。つまり、十二枝は一定の条件が整ったときだけ、できている。ただ、その条件が何なのか、私たちはまだ知らないだけだ。

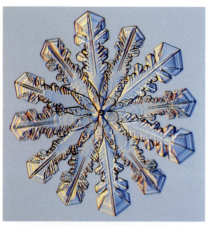

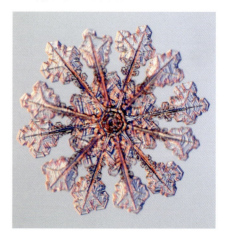

クローズアップ　30°ひねりの双晶　十二枝(じゅうにし)はどれも、二つの星形角板がまん中の角柱でつながった形になっている。結合のしくみは93ページで説明した双晶(そうしょう)の角柱の場合と同じだが、角度が60°ではなく30°ずれている。30°ひねりの双晶の角柱はその後、それぞれ六本の枝を持つ二重板となった。こうして、見た目には十二方(じゅうにほう)対称の形になっているというわけだ。

　ふつう、十二枝の中心にある角柱は短いが、この写真の結晶の場合はかなり長い。そのため二枚の星形角板は離れていて、顕微鏡の焦点を一方に合わせると、もう一方がぼやける。この雪の結晶を見つけた日は、形のいいつづみ形角柱をたくさん見つけた。

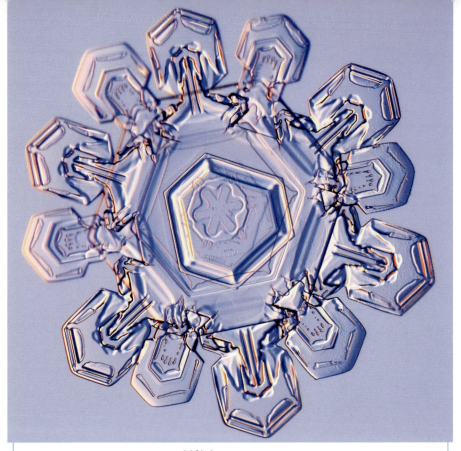

クローズアップ　　**偶然にできた十二枝（じゅうにし）**　　十二本の枝を持つ結晶は、ひょっとするとふつうの六本の枝の結晶が二つぶつかって、そのままくっついたものだという可能性はないのだろうか？　もし二枚の星形角板の中心点がずれていれば、それはおそらく偶然にぶつかってできたものだろう。上の写真は、別々に育った似た形の結晶がぶつかって一体化したものだ。二つの星形角板をつなぐ角柱が、中央部に見当たらない。

　たとえ二枚の結晶が方向をそろえていても、それだけで判断するのは気が早い。ぶつかったときに偶然、向きがそろっていただけかもしれないのだ。十二枝（じゅうにし）をたくさん見ていくと、二枚がほぼ完全に向きをそろえているタイプに多く出会える。また、このタイプは集団で降ってくることが多い。こうしたことから、十二枝のすべてがでたらめな衝突でできているわけではないこと、大半は双晶（そうしょう）であることがわかるだろう。

不定形

不定形(ふていけい)の雪の結晶は小さく、不完全で、対称性も認められない。角板や角柱の断片のようにも、その中間の結晶の破片のようにも見え、昇華蒸発(しょうか)したり群れたりしている。しかし実際のところ、雪が降るたびにいちばん多く出会うのが、こうした不定形の結晶だ。

降ってくる雪をすべてスライドガラスに受け止めて顕微鏡でざっとながめたなら、結晶の大多数が不定形であることに気づくだろう。大多数というより、ほぼ100%かもしれない。雪の結晶はたえず理想的でない条件のもとでできたり、まわりの雪にじゃまされたり、結晶格子(こうし)がずれたり、衝突を起こしたり、昇華蒸発したりしているのだ。

このような雪を「雪あられ」と呼ぶ人もいる。ジャケットの袖(そで)につく毛羽(けば)立(だ)った砂のような白い粒で、大きな結晶面がないのでキラキラ光ることもない。

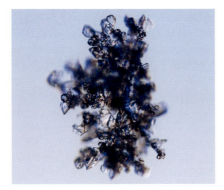

霜の現象

霜も氷の結晶でできている。面成長や樹枝成長した角板や樹枝、中空角柱など、雪の結晶と同じ形になることが多い。霜は植物や地表近くにある物体の上や、雪だまりなどの表面にできる。霜の結晶は雪の結晶よりずっと大きく、肉眼でも簡単に構造を観察することが可能だ。

霜は、気体である水蒸気が直接、固体である氷の結晶になったものだ。霜も雪も凍るときのしくみは同じなので、似た構造になる。結晶が小さいうちはうっすらとした白い塵のようにしか見えないが、結晶が大きくなると面成長したり樹枝成長したりしているのが肉眼でもわかるようになる。

雪だまりの表面には、よく霜ができる。早朝などに雪だまりが日の光をあびてキラキラして見えるのは、霜の結晶面が光を反射しているからだ。霜は日没後にできる。大気の温度が急激に下がりながらも、雪だまりそのものはまだ日中の暖かさを保っているときだ。この温度差が、内部に残っている暖かい水蒸気を冷たくなった雪だまりの表面にどんどん昇華凝結させ、一夜にして霜の結晶のヴェールをかけるのである。

植物の上にできた霜の結晶

樹枝状結晶

第3部

雪の結晶を観察する

拡大方法

　雪の結晶は小さいので、観察するにはそれなりの「道具」が必要となる。といっても、手ごろなルーペから高価な顕微鏡までピンからキリまであり、何を選ぶかはあなたの関心度と予算しだいだ。

　最初は、ホームセンターや文房具店で手軽に買えるベーシックなルーペからはじめるといい。これが意外にも使える。折りたたみ式のルーペなら、ジャケットのポケットにしのばせて持ち歩ける。

　ルーペを身近に置いておくか、ジャケットのポケットにいつも入れておくのは、スノーウォッチャーならではの心構えだ。雪の降る日はそのたびに条件が違うし、いい状態の雪の結晶にはいつでも出会えるわけではない。ともかく「雪を見たらルーペでのぞく」が基本。スキーやスノーモービルに出かけたときはもちろんのこと、雪の日の玄関先でも習慣にしたい。すばらしい雪の結晶に出会いたいなら、そのチャンスをつねに見張っていよう。

　宝石店が使うルーペなら、かなり高性能だ。家庭用のルーペより値段は張るが、見え方はいい。たいていの雪の結晶を見るには7X（7倍）ルーペで十分だが、小さな結晶を見るには10Xルーペのほうがいい。

　そして、雪の結晶観察に最強の道具は顕微鏡だ。それなりの出費になるが、詳しい構造までしっかり見ることができる。雪の結晶をじっくり観察したいなら、顕微鏡に投資する価値はある。雪の結晶を顕微鏡で拡大して自分の目で見たあなたは、その魅力にとりつかれること間違いなしだ。

> スノーウォッチャー用の道具と購入方法についての詳細は、私のウェブサイト http://www.snowcrystals.com にある。

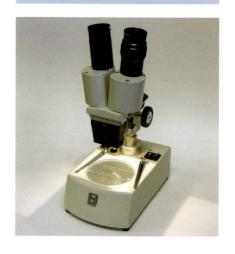

手ごろなプラスチック製ルーペ　　宝石店が使うルーペ

撮影方法

　雪の結晶の繊細な姿をカメラに収めるのは簡単なことではない。結晶は小さく扱いにくい。撮影するあなたのほうも、氷点下の寒空の下で作業しなければならない。それでも一度はじめたらやめられなくなるのはうけあいで、道具選びと方法さえ間違えなければあなたにもできる。努力と忍耐、そして「寒さ」があれば、美しい雪の結晶の写真集を作ることは可能だ。

　雪の結晶の撮影を試してみようと思ったなら、ぜひ右のイラストのようにセッティングをしてみてほしい。これは私がこの本の写真を撮るときに用いているセッティングで、雪の結晶を撮るにはおそらくこの方法がいちばん適しているはずだ。ただし、最初に警告しておく。雪の結晶を撮影するための顕微鏡セッティングは、一回の週末で完成するほど甘くない。何度か試行錯誤をくり返してやっと使い勝手のいいものになる。

　イラストを上から順に説明すると、まず、カメラはレンズが取り外しできるものならたいていのものが使える。私が使っているのはデジタルの一眼レフだ。フィルム代を気にせず撮影できるし、扱いやすい。それにフィルム画像よりデジタル画像のほうが粒子が細かい。

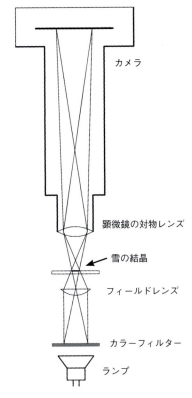

　どんなカメラを使おうとも、カメラはいつも氷点より高い温度に保っておかなければならない。どれほど頑丈そうに見えるカメラでも、低温で使ったり保管したりするようにはできていない。また、冷えたカメラを暖かい室内に持ち込んではならない。結露が生じて内部が傷む。私は発泡スチロールの箱の中に５ワットの電熱線といっしょにカメラを入れて、冷えすぎないようにしている。

イラストの下のほうに移動しよう。顕微鏡の対物レンズは質のいいものでなければならない。私のお気に入りはミツトヨ製 M Plan Apo 5X 対物レンズだ。

写真マニアのあいだでは、高いレンズを使うほどいい写真が撮れるということになっているが、レンズだけが写真撮影の成否を決めるわけではないので、レンズにどれだけお金をかければいいかについては一概に言えない。

ミツトヨの5Xは開口数（NA）0.14で、これは雪の結晶撮影に最適だ。NA が低くなるほど解像度も低くなり、ナイフのようなシャープな画像は望めなくなる。NA が高いと解像度は上がるが、そうなると被写界深度（ピントの合う奥行き）が浅くなり、雪の結晶全体に焦点を合わせられなくなる。顕微鏡による撮影では、かならず解像度と被写界深度の折り合い問題がついてまわるので、適した開口数のものを選ぶことが大切だ。

顕微鏡の対物レンズが決まったら、それとカメラの距離で倍率が決まる。距離が長いと倍率は高くなり、視野は小さくなる。私は延長チューブを使って5Xを約3mmの視野にしている。これは中サイズの結晶を撮影するのに都合がいい。大きな結晶用と小さな結晶用に2Xと10Xのミツトヨ対物レンズを使うこともあるが、5Xがいちばん活躍している。

焦点を合わせるには、雪の結晶を移動ステージで上げ下げして調節する。対物レンズを動かす方法もあるだろうが、顕微鏡撮影の場合は移動ステージを動かすほうが楽だ。

照明には、フィールドレンズとカラーフィルターの併用をおすすめする。イラストのように配置すると、フィールドレンズはフィルターの焦点を顕微鏡の対物レンズ（つまり瞳孔）に合わせることができ、一定の背景を保ちながらいろいろな色遊びができる。詳しくは「照明マジック」のところで述べるが、フィルターしだいで結晶の構造が浮き上がる。

セッティングの究極の課題は、すべてのパーツの一体化だ。カメラ、対物レンズ、移動ステージ、照明機器をすべて、しっかり据えつけなければならない。全体を最適な状態にするには、パーツの組み合わせの段階でいくつか試行錯誤をすることになるだろう。さいわい、この作業は寒い屋外でやる必要はない。撮影テストをくり返すときは、雪の結晶のかわりに小さなプラスチック片を使えばいいのだから。

雪の結晶をどう探すか

　雪の結晶をどう見つけてどう扱うか、これもまた別の課題となる。いい結晶は目立たないことが多いうえ、繊細で華奢で、ほんのわずかな熱にも弱い。気温や降っている雪の種類など、その時々の状況に応じて採取の方法も変えなければならない。

　星形や樹枝状の大きな結晶を撮影するときは、降ってくる雪に目を走らせて、面白そうな雪を黒い色の採取板で受けとめるようにする。美しい対称形の結晶を探すのはもちろんだが、ちょっと変わった結晶にも注目したい。

　これは、と思えるものが採取板の上に降ってきたら、小さな絵筆を使ってそっと持ち上げ、顕微鏡のスライドガラスの上に置く。雪の結晶は絵筆の先にうまくくっついてくれるので、スライドに移動するのは思っている以上に簡単だ。

　絵筆でうまくいかない場合は、つまようじの先をシャベル形に削ってすくいあげるといい。こうして結晶をのせたスライドを、顕微鏡の下にセットする。

　雪の結晶に撮影用ライトをあてた瞬間からは、スピードが命となる。ライトの熱が昇華蒸発を引き起こすからだ。おまけに気温が高ければ、結晶の形はどんどん崩れる。

完璧な雪の結晶を求めて。移動用顕微鏡一式をたずさえた著者。写真／レイチェル・ウィング

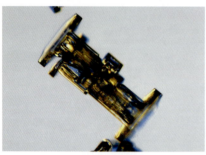

　比較的暖かい日など、小さな雪の結晶が降っているときは、採取板で集めたとしてもスライドガラスに移し替えるのがむずかしい。こういう場合は、スライドで直接、受けとめるといい。

　まず、冷やしたスライド数枚を採取板の上に並べる。スライドを手で扱うときは、表面を汚さないよう縁を持つこと。スライドに面白そうな雪が降ってきたら、すかさずそれを顕微鏡の下に移して、いい結晶かどうかをざっとチェックする。探していたものがなかったら、スライド面をさっと拭いて、ふたたび雪集めをする。いい被写体が見つかるまでそれをくり返す。

　この単純な作戦が意外にも効果的で、私自身、小さな結晶を撮影するときはこの方法しか用いていない。私が撮影したダイヤモンドダスト、中空角柱、針、砲弾の群れの写真はほぼすべて、この方法で撮ったものだ。左に並べた写真がその例である。ジャケットの袖についた結晶に目立った特徴を感じなくても、顕微鏡でのぞくと何かしら面白いものが見つかる。

　忘れないでほしいのは、雪の結晶の特徴は刻一刻と変わることだ。気温はもちろんのこと、その他の条件の影響も受ける。すばらしい雪の結晶を見つけたいなら、探し続けるしかない。

照明マジック

　雪の結晶がどう見えるかは、照明をどうあてるかで変わる。雪の結晶の写真撮影には反射と屈折がカギとなり、この二要素を工夫することでさまざまな画像ができる。

　右のイラストは、三種類の基本的な照明テクニックだ。

　一番目は、雪の結晶の下から多色光をあてる「透過照明」だ。湾曲した氷の表面はそれ自体が複雑なレンズのように、照射される光を思う存分反射する。

　雪の結晶の写真の色は、照明につける色によって決まる。たとえば、右下の写真は透過照明で撮影している。右のイラストの一番上で示したのと同じように、雪の結晶の真下から赤、白、青の光をあてて撮ると、光を右に屈折させる場所は赤いハイライトに、光を左に屈折させる場所は青いハイライトになる。光を大きな角度で屈折させるエッジは黒くなる。背景はすべての照射光の合成となるので、赤色光と青色光の色相と明度の中間になる。

　その他、さまざまな着色光を透過させて、雪の結晶の内部構造を照らし出してみよう。

　二番目の「暗視野照明」で撮影すると、雪の結晶はまた別の顔を見せてくれる。108ページ左上の写真は107ペ

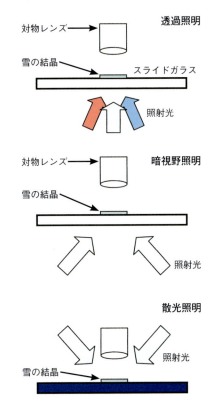

暗視野照明

散光照明

透過光方式と同じ配置をした照明でも、暗視野照明の画像を作ることができる。中央部分を不透明にしたフィルターを使うと、斜めからの光だけが結晶に照射される。

私は、中央部分が暗色の（不透明ではない）フィルターを使って、多色光を斜めから入れて撮影することがよくある。こうすると、透過照明と暗視野照明の両方の効果が重なり、カラフルな画像となる。46ページの写真はこの手法を用いたものだ。

三番目は「散光照明」で、これはあなたが袖についた雪の結晶を見るときと同じ見え方になる。左下の写真は、不透明な背景の上に結晶を置いて、散光照明法で撮影したものだ。

前の二つの照明法と大きく違うのは、光を結晶の上からあてて反射させることだ。そのため顕微鏡のセッティングそのものも変わる。左下の写真では、エッジが強調され、背景の表面も氷の透明な部分をとおして見える。もし結晶が透明な面の上に置かれていたら、写真は暗視野照明法と似た画像になっていたはずだ。ただし、散光照明では魅力的な雪の結晶の写真を撮ることはできないため、私はこの手法はほとんど使っていない。

ージ右下の写真と同じ結晶だが、暗視野照明だとこう写る。下から斜めに光線をあてるため、屈折させたり散乱させたりするものがないと、顕微鏡の対物レンズには何も入らない。背景は黒くなり、結晶の平らな部分も黒くなる。エッジ部は光を散乱させるため、黒い背景に対して白く光って見える。

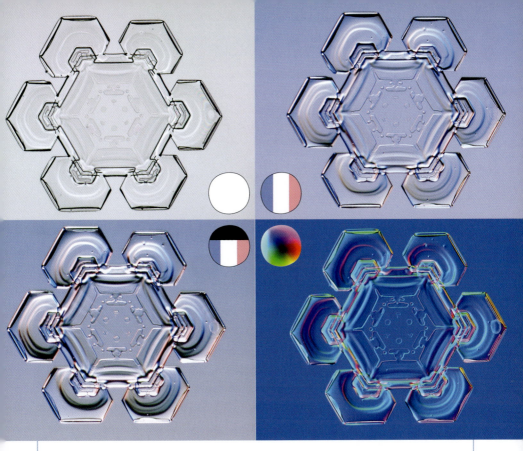

クローズアップ　カラーフィルターの比較　上の四点の写真はすべて同じ雪の結晶を、透過照明で撮影したものだ。どれも103ページのようにセッティングし、写真の横に示しているカラーフィルターを用いた。

　左上の無色フィルターだと、結晶の内部構造まで浮き彫りにならないため、のっぺりした画像になる。照明テクニックに無頓着なまま雪の結晶を撮影しても、このような不満足な作品にしかならないという例になる。右上の、赤・白・青のフィルターだともう少し深みが出て、結晶のエッジに色つきのハイライトが入る。左下の赤・白・青・黒のフィルターを使うと、結晶の構造がより強調されて立体的になる。右下のレインボーフィルターは、暗視野照明を用いたときと似た画像になるが、背景の濃い青とカラフルなハイライトが結晶のエッジを飾っている。これ以外にもさまざまなパターンのフィルターを使って、照明効果を楽しんでみてほしい。

クローズアップ　不透明な背景　私はこの写真を、インクジェットプリンターで印刷した小さな紙の上に雪の結晶を置いて、散光照明で撮った。紙は肉眼では均一な赤っぽい灰色に見えたが、顕微鏡下ではまだら模様で、背景を複雑な質感にしてくれた。結晶中央部と扇形の枝の部分が驚くほど鮮明に写っていることに注目してほしい。

クローズアップ　　冬の神秘に触れる　　雪の結晶は自然が作り出したすばらしい芸術だ。雪の結晶の魅力にとりつかれたあなたなら、どんなに寒い冬の日でも、ジャケットの袖に舞い降りた雪に胸を躍らせるだろう。顕微鏡を持ち出して、肉眼のときとはまた別の表情をながめたいと思うだろう。雪の結晶の複雑な形は、雪雲の中を旅しながら育ってきた証。つかの間の命を咲かせたあと、二度と同じ形には戻らない。

　どうか、この写真集をながめるだけで終わりにしないでほしい。つぎに雪が降った日には、ルーペを手に外に出て、氷の芸術にじかに触れてみよう。冬の神秘はあなたのドアのすぐ外に、手の届くところにあるのだから。

索 引

あとから育った角板　45, 61
あばら骨模様　25, 28
内側に伸びた側枝　58
雲粒　28
扇形の角板　49
尾根模様　24, 52
骸晶形　81
拡散　18
拡大方法　102
額縁　25
カップ形　89
カーブした尾根　52
過飽和量　11
気泡（角柱）　66
気泡（角板）　79
空洞が入った枝　78
結晶形の種類　30-31
結晶形の早見表　11
顕微鏡　102
交差した角板　94
交差した針　67
氷　10
御幣形　94
撮影　103
さや形　88
三角形　90
シダ状星形樹枝　59
湿度　11
霜　100
シャンデリア　85

十二枝　96
主枝　20
樹枝成長　18
昇華凝結　10
昇華蒸発　27
昇華蒸発による溝　93
象形文字　34
照明　107
白い雪　8
シンプルな針　67
シンプルな星　57
シンプルな六角形　35
スノーウォッチング　7
ずれた角板　82
双晶　93
双晶の角柱　93
側枝　20
対称性　12, 14, 15
ダイヤモンドダスト　35
多結晶　86
ダブルカップ形　89
単結晶　86
中空構造　37
中空の角柱　64
中空の角板　77
柱面　17
つづみ形の角柱　69
つづみ形の段重ね　71
つづみ形の針　74
つづみ形の砲弾　86

底面　17
途中から芽生えた側枝　20-23
ナイフエッジ　21
二重板　75
幅広の枝のある角板　39
針状の結晶　67
針の束　68
表面模様　41
複雑さ　18
不安定性　18-21
不定形　99
分類　30, 31
砲弾　86
砲弾の群れ　86
星形の角板　39
星形の樹枝　54
溝　24
密な角柱　35
面成長　16, 19
面の整列　29
矢じり形　94
雪あられ　28, 99
雪雲　32
雪の起源　32
立体放射形の角板　87
立体放射形の樹枝　87
ルーペ　102
六角柱　17
六角板　38
六方晶　17

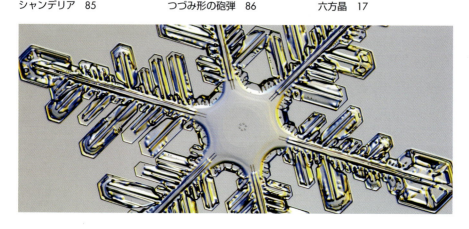